2013

第 1 届西部之光大学生暑期规划设计竞赛

# 城市漫步：

## 山城·步道·低碳

中国城市规划学会
高等学校城乡规划学科专业指导委员会 编

中国城市规划学会学术成果

U0300795

中国建筑工业出版社

**图书在版编目（CIP）数据**

城市漫步：山城·步道·低碳　第1届西部之光大学生暑期规划设计竞赛 / 中国城市规划学会，高等学校城乡规划学科专业指导委员会编. —北京：中国建筑工业出版社，2016.9

ISBN 978-7-112-19814-6

Ⅰ.①城…　Ⅱ.①中…②高…　Ⅲ.①城市规划–作品集–中国–现代　Ⅳ.①TU984.2

中国版本图书馆CIP数据核字（2016）第210061号

责任编辑：杨　虹
责任校对：张　颖　李欣慰

**城市漫步：山城·步道·低碳**
第1届西部之光大学生暑期规划设计竞赛
中国城市规划学会
高等学校城乡规划学科专业指导委员会　编
中国城市规划学会学术成果

\*

中国建筑工业出版社出版、发行（北京西郊百万庄）
各地新华书店、建筑书店经销
北京嘉泰利德公司制版
北京缤索印刷有限公司印刷

\*

开本：880×1230毫米　1/16　印张：6¾　字数：200千字
2016年9月第一版　2016年9月第一次印刷
定价：**48.00**元
ISBN 978-7-112-19814-6
（29368）

# 编委会

主　编：石　楠　唐子来

副主编：赵万民　曲长虹　李和平

编　委（按姓氏笔画排序）：

　　　　王　引　石　楠　邢　忠　毕凌岚　曲长虹　许剑锋
　　　　李和平　余　军　林文棋　孟　非　赵万民　俞　静
　　　　姜　洋　徐煜辉　唐子来　扈万泰　魏皓严

编写组（按姓氏笔画排序）：

　　　　李云燕　杨培峰　杨黎黎　张国彪　贾铠针

# 序 一

随着西部大开发进一步深入推进，我国西部地区城市发展面临着多重的机遇与挑战。城乡规划作为城市发展的首要工作，其专业人才在城市发展过程中有着极大需求，但是，我国西部大部分地区城乡规划教育水平相对滞后，城市规划人才紧缺，难以适应西部地区城镇的健康发展。

应对这一紧迫问题，中国城市规划学会积极发挥智力优势，整合多方资源，于2013年发起了"西部之光"大学生暑期规划设计竞赛。此项活动专门针对西部地区提升规划教育水平的需求，选择西部地区的真实地块，由西部地区的高校组织本校规划专业研究生和高年级学生进行规划设计实践。

"西部之光"暑期竞赛区别于传统的设计竞赛，除了只有西部地区院校具有参赛资格，最关键的在于，这是一项融教育培训、专业调研、学术交流、竞赛奖励为一体的学术活动，重点突出"托举青年人才"的主题思想。每次竞赛开始时，先由学会邀请国内一线专家学者，围绕竞赛选题，为参赛师生进行专题辅导，组织一线技术人员，带队开展竞赛场地的专业调研，并开设了多校学术交流环节，在此基础上，再由各个参赛学校组织方案设计。

"西部之光"为西部规划学子搭建了一个公平竞争、互学互促的交流平台，打造了一个提升西部院校教师教学水平及学生规划设计水平的教育培训平台，也创建了一个城乡规划学科下具有极大社会影响力的公益品牌。

首届"西部之光"大学生暑期设计竞赛，共有来自中国西部的21所高校参加，参赛高校共组织了76支代表队，合计403名师生报名参加。2013年6月22～24日现场培训和调研活动在重庆大学启动，来自21所高校的150余名师生参加。培训首日，清华大学建筑学院林文棋、同济规划设计研究院俞静、重庆大学许剑锋、能源基金会姜洋、重庆大学邢忠、重庆市规划院余军、重庆大学魏皓严等老师先后为师生授课；次日，由重庆大学和重庆市规划院组成的老师团队，带领参赛师生赴渝中区开展实地调研；第三天上午，所有参赛院校师生共同讨论。10月初，学会邀请了石楠、毕凌岚、张悦、王引、赵万民等数位专家组成评委会，对62个活动参赛作品展开匿名评审，经过一整天的细致评审，结果评选出一等奖一名、二等奖两名、三等奖三名，专项奖6项，佳作奖10项，共计22个获奖作品。其中，重庆大学杨文驰、甘欣悦、刘雅莹三位学生的作品《Urban Link——基于城市生活的慢行系统设计》夺得大赛一等奖；桂林理工大学作品《微交通·微生长》、内蒙古工业大学作品《Color live: pavement design》获得二等奖；来自西安建筑科技大学、重庆大学、长安大学的三个代表队分获三等奖。此外，黄瓴等10位指导教师获得了"优秀指导教师"称号，重庆大学等8所高校获得了优秀组织奖。专家们在评审过程中，对来自西部的规划学子的设计水平表示赞赏，认为西部院校在参赛过程中均积极准备，热情饱满，充分展现了西部院校规划学科的实力，西部学子们对低碳生态理念的理解和运用得当，较好地完成了作品，获奖作品中运用的规划理念引人思索。

本次"西部之光"公益活动得到了中国科协、美国能源基金会、中国城市规划学会城市影像学术委员会、重庆市规划局、重庆市渝中区人民政府、重庆市规划展览馆、重庆市规划设计研究院、中国低碳生态城市大学联盟、《城市规划》杂志社、《西部人居环境学刊》杂志社、中国城市规划网、中国建筑工业出版社等单位和机构的大力支持，在此一并表示感谢。

中国城市规划学会

高等学校城乡规划学科专业指导委员会

# 序 二

第 1 届西部之光大学生暑期规划设计竞赛由中国城市规划学会（以下简称学会）高等学校城乡规划学科专业指导委员会（以下简称专指委）主办，是学会和专指委"规划西部行"系列公益活动以及"青年托举工程"的重要组成部分。"西部之光"专门针对西部地区提升规划教育水平的需求，旨在促进西部城乡规划院校之间的交流，提高西部大学城乡规划专业教学水平。该活动邀请西部地区规划院校参加，选择真实项目（地块），由各个院校教师组织学生进行规划设计实践。

作为第 1 届西部之光大学生暑期规划设计竞赛的承办方，我校在活动举办过程中，得到了中国城市规划学会和高等学科城乡规划学科专业指导委员会的充分信任和大力支持。活动经历了专家授课、实地踏勘、小组交流、课堂辅导、方案设计、专家评审等六个阶段，取得了良好的效果，并探索了今后"西部之光"竞赛活动的赛制流程。

本届"西部之光"竞赛主题为"城市漫步"。该主题涵盖了从低碳生态城市到步行交通网络，再到山城重庆、山城步道等多重意蕴，激发了参赛师生的创作热情。中国城市规划学会和高等学科城乡规划学科专业指导委员会邀请了能源基金会、清华大学、同济大学、重庆大学等单位的多位知名学者参与授课、课堂辅导、评审等活动，受到广大师生的热烈欢迎。同时，重庆市规划局、规划设计研究院、渝中区人民政府也对本次活动予以大力支持，委派了一线规划技术骨干带领师生实地调研和现场讲解，从宏观层面展示重庆山城的城市空间格局和时空发展历程，在微观层面真实体验城市生活和空间细节。通过学术与实践的碰撞，为西部广大师生提供了难得的学习机会，特别是为刚刚接触到城乡规划专业的学子们开拓了视野。

西部各省市区 21 所规划院校、76 支参赛队伍、403 名师生报名参与本次活动，其中 150 余名师生参加了现场培训和集体调研活动。最终，通过中国城市规划学会和高等学校城乡规划学科专业指导委员会组织的专家评审委员会评选，评出 22 份优秀规划设计作品。我们现将其集结成册，供全国城乡规划专业师生学习交流。

感谢中国城市规划学会、高等学校城乡规划学科专业指导委员会对本次活动的精心组织，感谢西部 21 所规划院校的积极参与和认真投入！只有大家的共同努力才使得本次活动取得圆满的成功，也让后续活动得以持续。衷心地祝愿"西部之光"成为西部城乡规划学子的希望之光！

重庆大学建筑城规学院副院长

# 目　录

# 结 语

## 竞赛花絮

# 主办及承办方

中国城市规划学会

高等学校城乡规划
学科专业指导委员会

重庆大学
建筑城规学院

# 参赛院校（按笔画排序）

广西大学
土木建筑学院

内蒙古工业大学
建筑学院

长安大学
建筑学院

四川大学建筑
与环境学院

西安建筑科技大学
建筑学院

西安科技大学
建筑与土木工程学院

西南大学
园艺园林学院

西南民族大学
城市规划与建筑学院

昆明理工大学
建筑工程学院

贵州大学
土木建筑工程学院

重庆大学
建筑城规学院

重庆师范大学
地理与旅游学院

四川农业大学
城乡建设学院

兰州理工大学
设计艺术学院

吉首大学
城乡资源与规划学院

西华大学
建筑与土木工程学院

西南交通大学
建筑与设计学院

西南林业大学
园林学院

西南科技大学
土木工程与建筑学院

西藏大学
工学院

桂林理工大学
土木与建筑工程学院

# 选题介绍

（2013 第 1 届西部之光大学生暑期规划设计竞赛题目及要求）

## 一、设计题目

城市漫步：山城·步道·低碳

## 二、设计立意

低碳生态城市应该为市民提供能有效支持低碳生活方式的城市空间及其形态。在机动化交通产生和普及之前，城市一直有着发育充沛的慢行系统，人们可以享受休闲、舒适、安全的城市环境。在城市发展机动化过程中这一系统受到了很大的损伤，在新时代生态文明的价值倡导下，该系统应该得到良好的恢复与发展。

山城重庆因其地理使然，在历史上慢行系统十分发达并富有特色。本次竞赛以重庆中心城区的真实地块为对象，通过实地调查，解析城市交通与城市空间的发展脉络、慢行系统的多重价值、城市生活与城市空间的关联、机动交通与慢行交通的矛盾等，提出慢行系统的发展图景。

## 三、设计要求

为重庆市渝中半岛设计一个适于市民慢行并共享城市生活的空间系统，为低碳生态城市的形成做出有益的贡献。重点考虑土地功能与交通系统的关系、机动车交通与步行交通的关系、城市生活与城市空间的关系、步行空间的多重属性等，设计深度应与构思相匹配。

## 四、用地面积

10~30 公顷。

## 五、用地选址

位于重庆市渝中半岛东半部分（约 3.46 平方公里）内部（详见卫星地图），设计者根据调研在里面自行选取竞赛要求相应面积的用地。

# 竞赛活动参赛院校名单

（2013 第 1 届西部之光大学生暑期规划设计竞赛）

| 序号 | 学校院系 | 参赛小组数 |
|:---:|:---:|:---:|
| 1 | 西南科技大学土木工程与建筑学院 | 8 |
| 2 | 兰州理工大学设计艺术学院 | 5 |
| 3 | 长安大学建筑学院 | 4 |
| 4 | 吉首大学城乡资源与规划学院 | 5 |
| 5 | 桂林理工大学土木与建筑工程学院 | 4 |
| 6 | 四川大学建筑与环境学院 | 8 |
| 7 | 四川农业大学城乡建设学院城乡规划系 | 6 |
| 8 | 广西大学土木建筑工程学院 | 3 |
| 9 | 重庆师范大学地理与旅游学院 | 2 |
| 10 | 西安建筑科技大学建筑学院 | 3 |
| 11 | 内蒙古工业大学建筑学院 | 2 |
| 12 | 重庆大学建筑城规学院 | 5 |
| 13 | 西南民族大学城市规划与建筑学院 | 3 |
| 14 | 昆明理工大学建筑工程学院 | 3 |
| 15 | 西南交通大学建筑学院 | 2 |
| 16 | 西南大学园艺园林学院 | 1 |
| 17 | 西华大学建筑与土木工程学院 | 1 |
| 18 | 贵州大学土木建筑工程学院 | 2 |
| 19 | 西藏大学工学院 | 2 |
| 20 | 西南林业大学园林学院 | 3 |
| 21 | 西安科技大学建筑与土木工程学院 | 2 |

# 获奖名单

（2013 第 1 届西部之光大学生暑期规划设计竞赛）

| 所获奖项 | 参赛院校 | 作品 |
|---|---|---|
| 一等奖 | 重庆大学 | Urban Link——基于城市生活的慢行系统设计 |
| 二等奖 | 桂林理工大学 | 微交通·微生长 |
| | 内蒙古工业大学 | Color live pavement design |
| 三等奖 | 西安建筑科技大学 | 无间行走·Gapless Pavement——时空间重构下的低碳多维慢行系统 |
| | 重庆大学 | 老山城，微慢行 |
| | 长安大学 | LOHAS(乐活）——lifestyles of health and sustainability |
| 调研分析专项奖 | 吉首大学 | 脚尖下的五线谱 |
| | 兰州理工大学 | 精气神——重庆市渝中区慢行交通系统概念性规划设计 |
| 理念创意专项奖 | 重庆大学 | 漫步·城市氧吧 |
| | 西安建筑科技大学 | 编城织路 |
| 设计表达专项奖 | 重庆大学 | 取道戏江@洪崖门 |
| | 内蒙古工业大学 | 层台——渝中半岛原生空间的回归与延续 |
| 佳作奖 | 西南大学 | 小巷故事 |
| | 重庆师范大学 | 线性回归——渝中半岛石板坡地块慢行系统规划设计 |
| | 长安大学 | 巢穴，漫步—重庆渝中半岛七星岗地区步行系统改造设计 |
| | 兰州理工大学 | 生态·生长——天门东线地块步道系统规划设计 |
| | 西安科技大学 | 串廊·串巷·串街 |
| | 重庆师范大学 | 老记忆 新印象 |
| | 西南科技大学 | "极客" 出发 |
| | 西南科技大学 | 织·叶——山城游牧 |
| | 西南科技大学 | 中城——基于山·水·半城的概念设计 |
| | 桂林理工大学 | 都市盆景·记忆之城 |

# Urban Link——基于城市生活的慢行系统设计

**重庆大学**

**指导教师** 黄瓴　　**组员** 杨文驰　甘欣悦　刘雅莹

**设计工作情况说明：**

从前期调研准备到最终出图，整个设计经历了七周时间。在第一次调研前我们与指导老师进行了讨论，黄瓴老师引导我们从"慢行系统"这个核心出发去关注更多因素之间的影响，尤其是散落在下半城的几个老社区和历史古迹点。由于时间紧迫，暑假期间三个人能够集中起来的时间很少，因此我们制订了比较严格的分工计划。主要分为三个阶段：分析整合期、方案成果期、集中制图期。

分析整合期（1~3周）

主要是前期资料的阅读整理和现场调研，以及确定地块和设计方向。此段时间内一位同学主要负责利用文献资料和网络工具进行数据搜集整理。而另外两位同学进行实地调研、拍摄现场照片、居民访谈等一手资料收集。确定地块范围后，我们进行了多次集体讨论后确定了初步的大方向。

有了一个明确的方向以后，在现状系统分析的推进过程中，我们反复去场地调研，力求将设计和现实情况最紧密结合起来。分析体系也经过了多次调整，以达到最有针对性和能够充分体现我们设计意图的效果。

我们采用任务分配的方式将前期的分析分为三个整块，将数据资料和调研成果充分提炼，完成前期分析成果。第一周确定的主要方向为城市多样复合行为对慢行系统建立的影响，以及上下半场间的空间隔绝如何进行联系。在设计方向的主导下，多次对分析进行调整，最后得出一个比较完整的思路体系。

方案成果期（4~6周）

在经过前面三周的调研分析后，我们梳理出了场地中具有价值与特征的历史点，景观点旅游点，以及社区活力点。然后以点为触媒，以慢行道为基础选线将每一类点串联起来，形成三条特色路径，最终形成场地内整个特色慢行网络，并和外界的城市慢行系统进行有机联系，形成策略性方案，即方案的设计结构。

接下来的一周，根据设计结构，我们对方案进行了深化，主要涉及慢行系统周边房屋的改造与新建，节点公共空间设计，慢行系统景观设计，多样的慢行交通系统的组织连接。

集中制图期（7周）

在确定最终的方案以后，我们开始进行最终成果的表达。主要涉及三大部分内容，分别为：现状城市公共生活类型及慢行系统构成的图示化分析；设计结构的生成过程及总平面设计；设计后公共生活体验及剖面设计，最后构成一套完整的设计成果。

**指导教师评语：**

从拿到任务书和地形图的那一刻起，师生们就产生了强烈想表达的愿望——毕竟，这是我们共同生活的土地。有三千年历史的重庆渝中半岛经过改革开放特别是重庆直辖后的快速发展，城市面貌发生"巨变"。一系列"腾笼换鸟"、"筑巢引凤"的"绅士化"更新策略一方面带来中心区空间品质大幅提升，另一方面也不可避免地留下社会空间分异、文化特色渐逝、城市活力衰退的"一城两面"现实。方案针对渝中城市现状，首先树立"资产为本"（asset-based）的存量发展价值观念，通过发现和梳理空间资产（有形/无形），重识渝中空间价值；再者，通过对人群公共生活的需求和行为分析，重建其与公共空间的联系（历史 - 当下；上半层 - 下半层；中心 - 边缘；城市 - 社区；外来者 - 居民）；最后，通过点 - 线 - 面结合的慢行系统，将散落的城市空间碎片编织成一张立体、灵动的城市公共生活网络。方案如果说尚算优秀，得益于三位同学的悟性与勤奋，较好地将四年的专业学习和城市体验融入整个设计过程；对于最终以"urban link"为题，与其说他们想设计什么，不如说是尝试通过对城市公共空间与社会联系的修复而实现城市再生的一次努力。"西部之光"大学生暑期规划设计竞赛——一次很有意义的"参与地方"行动。

**参赛者感言：**

"大都会的前进，不是新交通工具的发明，而是恢复行走的权利。"这句话在我们看到"西部之光"竞赛的题目直至完成我们的设计一直贯穿在我们耳中。在这次暑期竞赛的过程中，收获最多的不是最后的成绩，而是在重庆这座我们熟悉的城市里行走调研触发的点点滴滴的设计灵感，以及设计过程中给我们启迪的老师，作品和书籍。"公共生活"和"慢行网络"是我们设计的核心词，通过最后的设计成果展示了我们认为城市实体空间所能展示的最美好一面——公共生活的氛围感和包容感，希望通过这次设计表达以人为本的城市规划核心理念和慢行系统价值的思考，在追求高效快速的社会进程中，表达我们对"慢"和"城市公共生活"的理解。也许知识和设计能力的局限让我们只能止步于浅显的探索，但在未来的城市发展中，相信我们能运用规划的手段改善人们的城市生活，实现城市让生活更美好的愿景。

一等奖

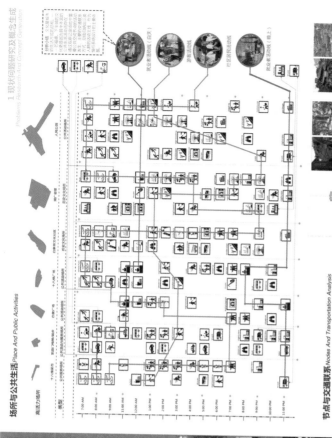

1 观状问题研究及概念生成
PhotNeing Freisation And Concept Generation

就业类活动场所（白天）
就业类活动场所
评价类活动场所
社区居民活动场所

**场所与公共生活** Place And Public Activities

活力点分析 Activities Points Analysis

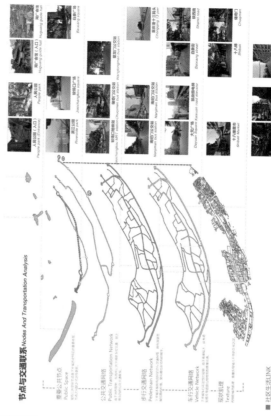

节点与交通联系 Nodes And Transportation Analysis

重要公共空间 Public Space

公共交通网络 Public Transportation Network

步行交通网络 Pedestrian Network

车行交通网络 Vehicle Network

现状肌理 Texture

社区生活 LINK

# URBAN LINK
## 基于城市公共生活的慢行系统设计
### Green Slow-traffic Network Design On Urban Public Activities

一等奖

**设计说明** Design Instruction

**概念设计** Concept Design

城市内部LINK

文化遗产LINK

aimless　　point to point　　indirect

活力点分析 Activities Points Analysis

场地与上城慢行系统联系系统联系及空间示意图

场地步行特征点分析

**现状问题研究** Status Research

区域问题

城市问题

社区层面

**背景研究** Background Research

地形分析 Terrain Analysis

土地利用分析 Landuse Analysis

建筑分析 Buildings Analysis

交通结构分析 Traffic Analysis

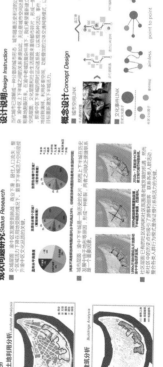

## 联系点分析 *Link Node Analysis*

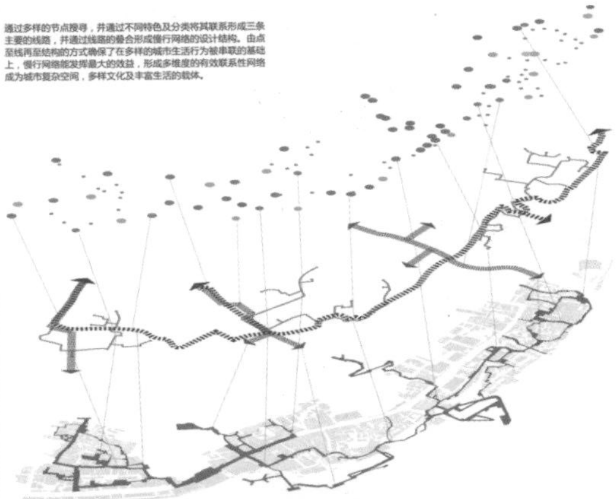

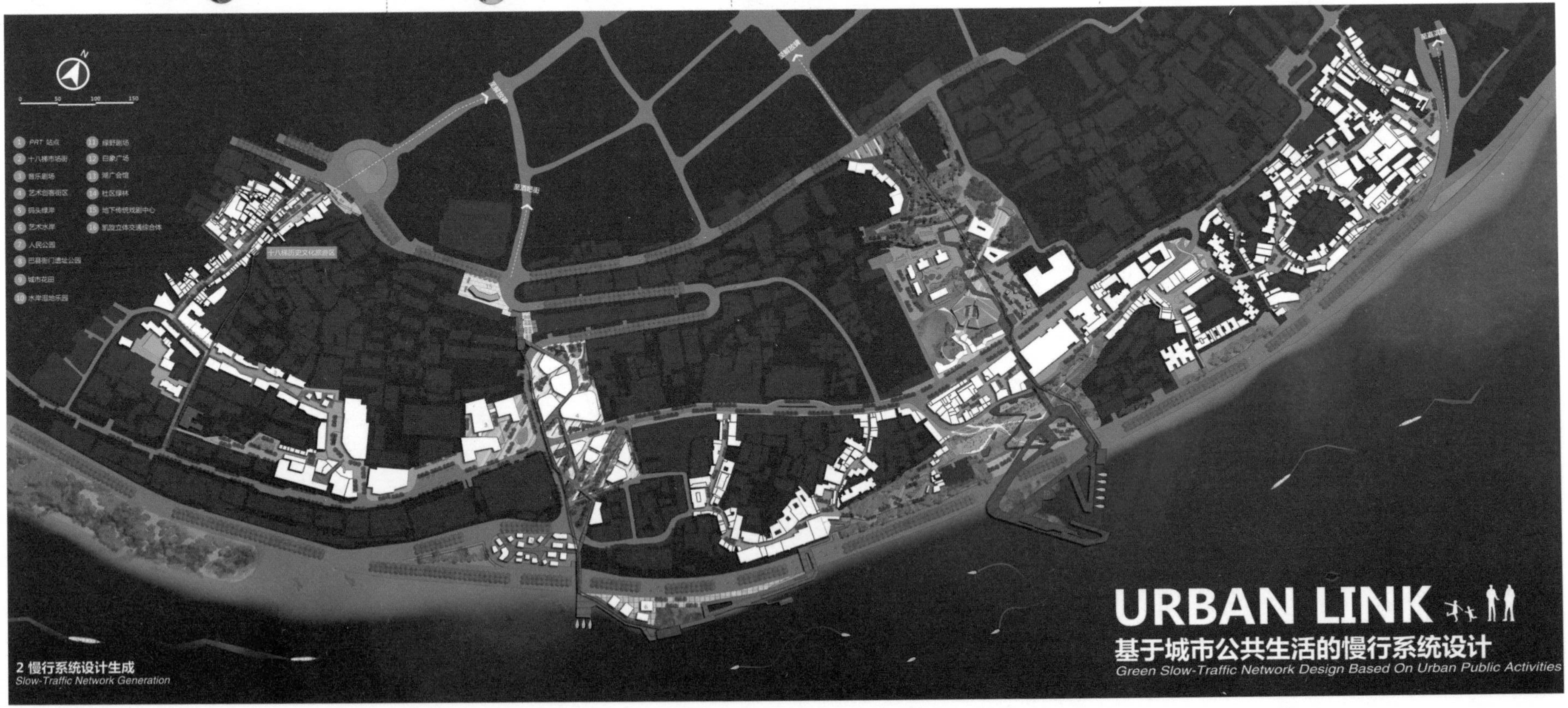

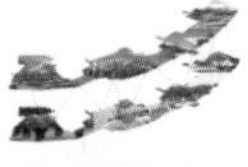

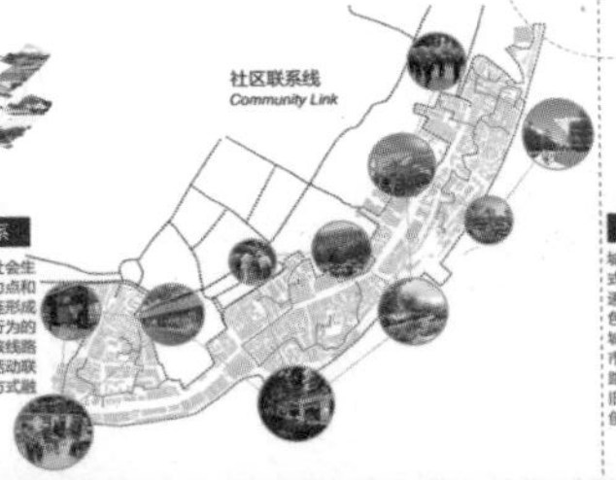

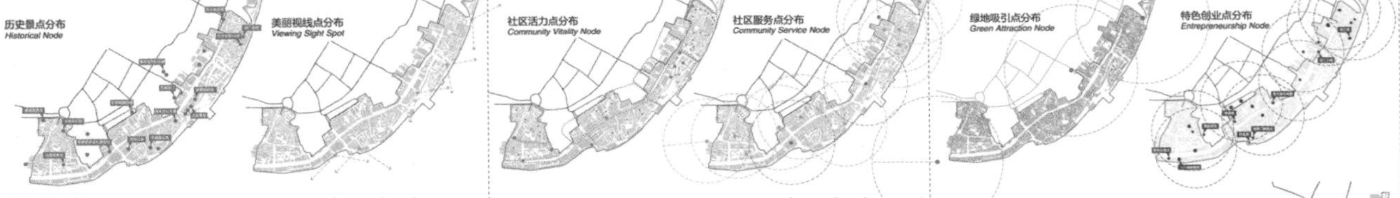

历史景点分布
Historical Node
美丽视线点分布
Viewing Sight Spot
社区活力点分布
Community Vitality Node
社区服务点分布
Community Service Node
绿地吸引点分布
Green Attraction Node
特色创业点分布
Entrepreneurship Node

## 联系线分析 *Link Line Analysis*

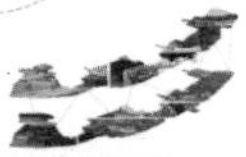

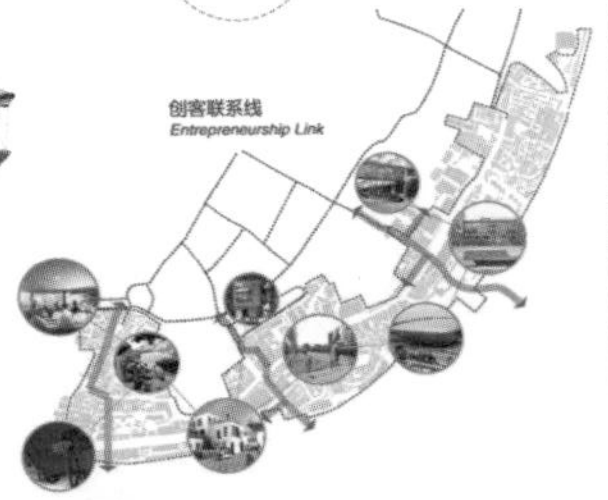

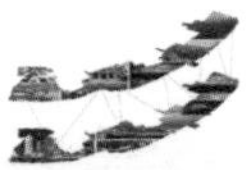

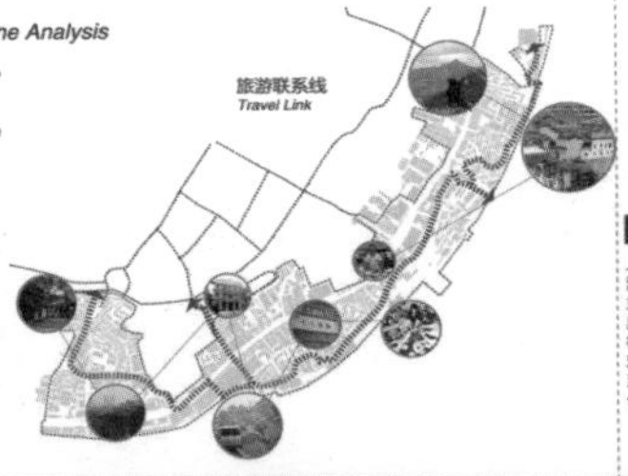

旅游联系线
Travel Link

**新旧文化的联系**

根据搜寻下半城主要的文化点，并找到与上半城的主要文化冲突发生的点，形成联系生成一条文化旅游线路。主要为观光游客和城市居民提供具有重庆新旧文化特色的旅游体验，并植入传统的城市生活行为创造一条联系新旧文化的，具有重庆特色的全新下半城旅游线路。

社区联系线
Community Link

**社区多样生活的联系**

上下半城具有十分迥异的社会生活模式，通过寻找社区活力点和主要社区服务设施，并相连形成具有丰富社区行为和城市行为的社区公共生活线路，通过该线路对复杂且多样的社区生活活动联系，创造传统与现代生活方式融合的活力社区慢行系统。

创客联系线
Entrepreneurship Link

**传统与现代空间的联系**

城市的演进过程中城市的空间模式以及城市重心都发生了改变。通过新型城市空间与传统城市特色空间点的搜寻，并寻找上下半城的联系节点形成了三条联系城市与水岸，传统与现代的创新线路，注入新的城市行为，结合新旧的城市生活，打造高度活力的创造性新型城市慢行空间。

## 设计结构生成 *Design Structure Generation*

通过多样的节点搜寻，并通过不同特色及分类将其联系形成三条主要的线路，并通过线路的叠合形成慢行网络的设计结构。由点至线再至结构的方式确保了在多样的城市生活行为被串联的基础上，慢行网络能发挥最大的效益，形成多维度的有效联系性网络成为城市复杂空间，多样文化及丰富生活的载体。

N
0 50 100 150
1 PRT 站点
2 十八梯市场街
3 音乐剧场
4 艺术创客街区
5 码头绿岸
6 艺术水岸
7 人民公园
8 巴县衙门遗址公园
9 城市花田
10 水岸湿地乐园
11 绿野剧场
12 白象广场
13 湖广会馆
14 社区绿林
15 地下传统戏剧中心
16 凯旋立体交通综合体
十八梯历史文化旅游区
URBAN LINK
基于城市公共生活的慢行系统设计
Green Slow-Traffic Network Design Based On Urban Public Activities

2 慢行系统设计生成
*Slow-Traffic Network Generation*

# URBAN LINK
## 基于城市公共生活的慢行系统设计
*Green Slow-traffic System Design Based on Urban Public Life*

**城市公共生活活力空间表达**
*Active space Express of Urban Public Life*

在慢行系统的设计中，通过改造设计系统中的重要公共空间节点，以及分层慢行系统设计，提高公共空间可达性，赋予其活力时间点，以创造下半城全天高活力度的城市公共生活。

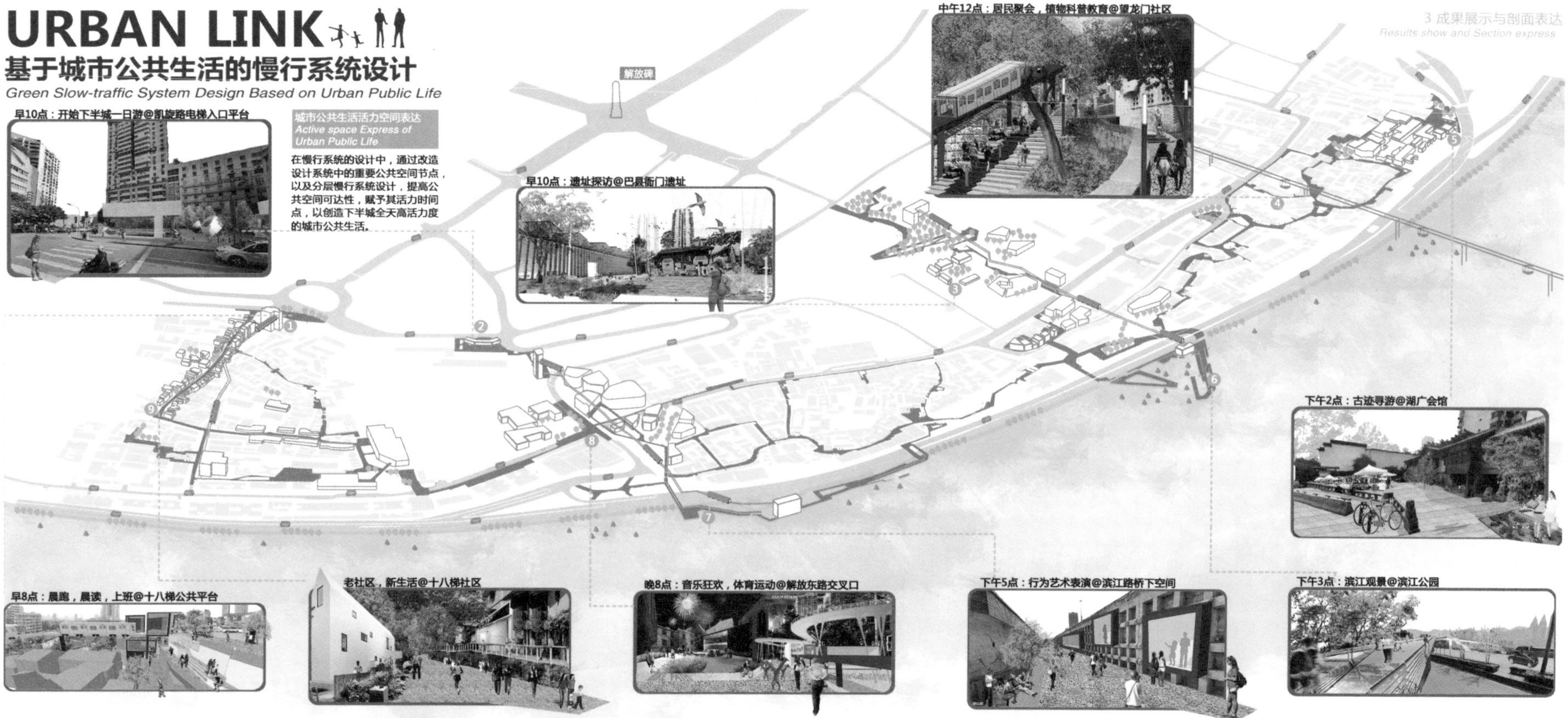

早10点：开始下半城一日游@凯旋路电梯入口平台
早10点：遗址探访@巴县衙门遗址
中午12点：居民聚会，植物科普教育@望龙门社区
解放碑
下午2点：古迹寻游@湖广会馆
早8点：晨跑，晨读，上班@十八梯公共平台
老社区，新生活@十八梯社区
晚8点：音乐狂欢，体育运动@解放东路交叉口
下午5点：行为艺术表演@滨江路桥下空间
下午3点：滨江观景@滨江公园

**2-2剖面图** *Section 2-2*
**人民公园至滨水区剖面表达**

人民公园是上下半城之间联系的重要节点。在通过人民公园的上下半城联系线上串联了重要的历史文化点，保护建筑以及滨江新型城市空间。

**1-1剖面图**
*Section 1-1*
**凯旋路电梯前广场至滨水区剖面表达**

在人的步行尺度范围内，在传统老城区空间中置入新城市功能空间；在为传统文化提供新的活力空间的同时激发居民新的城市公共生活体验。

PRT站点
人民公园
巴县衙门遗址公园
社区
白象社区
PRT站
观景台
车行道
下沉广场
民间剧场
艺术工作室
民间展览馆
美术空间
手工作坊
小吃店
当代文化艺术中心
PRT
空中步道
步行街区
下穿车行道
露天剧场
城市农业
停车区
步行距离
1分半钟
传统戏剧表演展示中心
凯旋路综合交通枢纽
现代艺术创客街区
1分20秒钟
传统民俗工艺创客街区
40秒
公园
滨江路
一分钟
行为艺术展示区
滨近交通枢纽
长江

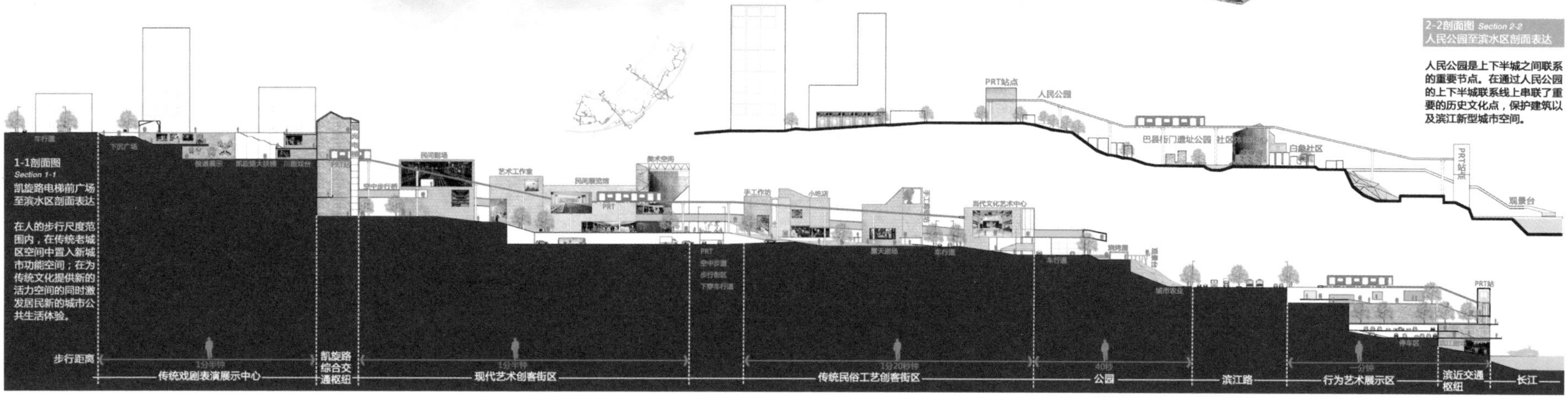

# 微交通·微生长

桂林理工大学

**指导教师** 王万明 邓春凤　　**组员** 赵明太 蓝虹玮 覃雪妮

**设计工作情况说明：**

我们的规划地块大致相当于一个社区，首先我们计划从社区的整体入手，最大限度地利用现有的步道系统，改善内部慢行空间的质量，打通慢行断点，加强与外部公共交通的联系，组成一个方便快捷的慢行网络，形成激励居民选择绿色出行的"微交通"系统；其次从社区的本质出发，加入满足人的社会活动的功能，形成可承载居民社交生活的公共空间。同时，我们还要达到生态低碳的目的，因此我们反对"大拆大建"，尽量利用现有条件，同时适当引入合适的生态技术对地块进行改造。这样一来，经过半个多月的紧张出图阶段，我们的作品就一点一点如同其题目"微生长"一样慢慢呈现在图板上。

**专家评语：**

该获奖作品以"微"作为核心立意来诠释竞赛主题，是对当前中国快速城镇化进程中所常见的、"大"介入的规划现实的反思，其规划价值观引起了评委专家的共鸣。

在调查分析方面，内容覆盖区位、历史、功能、交通、重要遗存、SWOT 分析等各个方面，较为规范和完备，并进而围绕竞赛题目对道路系统、步行空间、公交系统等进行了重点分析与问题归纳，为之后的规划设计开展奠定了坚实的基础。

在规划设计方面，相较于许多其他参赛作品为了概念或形式的完美而大幅拆改道路房屋而言，本作品的"微"理念克制了规划介入的冲动，在充分尊重现状的基础上，积极调动各种"微"方法——包括丰富界面景观、混合调整用地功能、打通部分关键点连接、立体交通的处理等。虽然在一些工程技术细节上仍稍缺待与完善，但作品在整体设计处理上堪称细腻与丰富。此外，还根据所处地理环境条件，选择运用了雨水收集、屋顶梯田、光导照明、压力发电等低碳策略，表现了设计者在这一领域的初步意识和学习欲望。

在图面表达方面，作品陈述的结构清晰、图示直观、用色和谐且具有特点，主要总平面图、剖透视图及节点透视图的手绘表达取舍得当、重点突出，很好地展现了"微"风格。

——清华大学建筑学院副院长、教授　张悦

**参赛者感言：**

大四暑假，我们三位同学有幸在一起参加了本次"西部之光"规划设计竞赛。在为期两个月的紧张设计生活中，我们共同度过了这个难忘的盛夏。我们都认为这胜似一场结伴而行的旅行，虽然很辛苦，很多个深夜还能看到我们忙碌的身影，或是激烈的讨论，或是埋头在图纸上勾画线条，但是同样有一路花开，一路欢歌，在这样的旅途中我们一起为了共同的目标努力前行，这段经历也成为我们大学生活最美好的一段回忆。

感谢学会、专指委举办本次竞赛，提供这样一个学习与交流的机会；感谢各位老师的悉心指导以及同学们的相互支持与鼓励。通过本次竞赛我们扎扎实实学习了低碳、生态等科学发展理念在规划中的运用，启发了思维，在提高规划设计能力的同时也对城市规划有了更多思考，为我们今后的学习与工作积累了宝贵经验。

这次竞赛让我们学到了很多，是一次充实愉快的学习经历。当初老师跟我们谈到"西部之光"竞赛的事的时候已经快放暑假了，暑假怎么过有很多选择，于是我们抱着"重于学习，重在参与"的心态参加此次竞赛，想利用暑假的时间一起做一件事情。当我们看到竞赛通知里面的关键字"低碳"、"生态"，竞赛命题"城市漫步"的时候，我们有过迷茫也有过很多天马行空的想法，每个人都有很多想要表达的东西，但是始终缺少一条主线连接我们每一点零星的创意；虽说平时接触到一些关于低碳、生态的城市规划以及城市慢行系统方面的资讯，但是对于其理解还是很粗浅、空泛的。这个时候老师让我们多多阅读相关的资料书籍，所谓"书读百遍，其义自见"，整个设计的大部分时间我们都在搜集阅读相关的文献，结合我们的规划地块思考我们规划的价值到底是什么？我们到底想要一个什么样的方案？一晃眼时间已经来到了八月中旬，眼看交图期限就快到了，虽然时间紧迫阅读得不够深入，但边读边思考，在我们心中还是勾勒出了大致的轮廓。此外，两位老师还给我们梳理了这几个概念之间的本质与联系，让我们对其有了全新的理解；让我们摆脱了对于低碳、生态技术"海面上的风车，屋顶上的光伏电池"图景式的想象，而开始了对于我们要如何实现"人对于低碳、生态的生活方式的本能亲近和自然选择"的思考。我们曾有幸去过重庆，"山城"真的是名不虚传。如何在重庆"城市漫步"，一代又一代的重庆人其实早已用自己的智慧给出了答案，我们也从中得到了启发。

# grow 微交通·微生长 | 现状篇1
MICRO-TRANSPORTATION | MICRO-GROWTH | 城市慢行空间系统设计 | 重庆

城镇化过程中人口向城市快速聚集带来了交通需求的大幅增长，由此也引发出种种社会问题，"微交通"成为新时期解决问题的思路。其要点是促进土地混合利用，使人们摆脱长距离的出行，用短距离出行取而代之，这就有必要对城市慢行空间系统进行专门设计。

随着城市化进程的加快，大大小小的城市在我们眼前变得"摩登"起来。大规模的建设使各地城市的面貌发生了巨大变化，城市有了现代化的"面子"，但随之而来的是许多城市各具特色的原有风貌逐渐消退，造成"千城一面"的枯燥面貌，城市也失去了"里子"。重庆是一座复杂独特的城市，因为地形的阻隔，城市有了上下半城之分——繁华的"上半城"与残破的"下半城"。

城市漫步——重庆渝中半岛的上半城与下半城，面子与里子

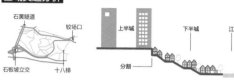

## 区位分析

 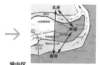 

重庆　渝中区　地块

设计地块位于重庆市渝中半岛，北临石板坡，南畔长江，是渝中半岛重要出入口和城市阳台。

## 区域交通分析

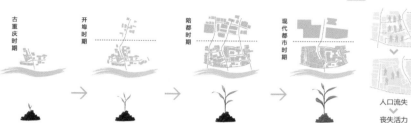

石黄隧道　较场口　上半城　下半城　江

石板坡立交　十八梯　分割

区块内横向交通发达，竖向交通欠缺，因地形高差较大，与滨江的联系较弱，上下半城之间存在分割。

## 理念构想——"微生长"

如果把城市看成一颗微生长的植物，上半城就是绿叶，下半城就是城市的根，步道是联系输送养分的大动脉。上下半城的分隔以及下半城居住人口的流失直接导致了城市活力的降低，这也是近年来解放碑CBD逐渐衰落的原因之一。

以往粗暴的建设方式必定会破坏城市的肌理，现今已显露出种种城市问题。在低碳城市规划思潮下，结合地块现状，提出让慢行空间系统"微生长"，摒弃生硬的轴线与单调的功能分区，反对大拆大建，保护城市的细小肌理。

慢行空间系统的"微生长"提倡的是充分尊重重庆街区内部结构和历史传统，保护原有肌理，利用低碳技术进行有机的更新和改造。最终实现完整的低碳绿色慢行交通体系，打造舒适宜人的慢行空间。

古重庆时期　开埠时期　陪都时期　现代都市时期

人口流失
丧失活力

步行　公交　出租车　小汽车　重庆主城出行方式比重

## 绿色出行

人群出行方式

绿色出行在渝中区的比例达到80%，规划目标此比例将达90%以上，同时实现公共交通5分钟步行覆盖率。

绿色出行

## 历史遗存

1.社会大学旧址
2.原美国领事馆
3.郭沫若故居及军委政治部三厅
4.金汤街旧址
5.《新华日报》
6.《新蜀报》旧址
7.体元巷42号
8.厚庐
9.传统街巷

巴渝文化
历史建筑
山城步道
市井生活

山城重庆，一个地方特色鲜明的城市。巴渝文化丰富多彩，步道情缘独一无二，历史建筑印证重庆的成长，棒棒军更是重庆一道亮丽的风景线。置重庆人的生活，热情中不乏从容淡定。

## 现状道路系统分析

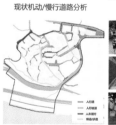

现状机动/慢行道路分析

1、步行系统缺少无障碍辅助设施；
2、步行系统网络不完整，联系功能差；
3、步道路权被侵占，缺少公共设施；
4、步道空间尺度差、界面差，利用不足。

1、机动交通日渐削弱慢行交通；
2、机动车停车影响步行的连续性；
3、机动车的出入口打断步行；
4、主要道路缺少必要的过街设施。

现状步行道路障碍分析

现状步行道形式分析

1、人行道界面单调且不连续；
2、山城步道入口隐蔽，缺少吸引；
3、山城步道使用率不高，存在消极空间。

 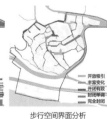

1、地块内设置有轨道交通，基本上满足人流的输送；
2、地块内公交站点设置符合服务半径要求，但由于步行道路的不连续，导致公交"最后100米"问题存在。

现状公共交通系统分析

## SWOT分析

### Strenth——优势
1、地块及地块周边地区历史悠久，具有较多特色建筑；
2、地块内第三步道修建完整，修建质量较高；
3、地块临近长江，有丰富的滨江景观，并且采光通风好；
4、地块内部地形高差大，适于慢行交通的发展。

### Weakness——劣势
1、地块内传统的民俗文化和建筑形式没有得到很好的继承和保护；
2、地块内缺少必要的公共设施，缺少对弱势群体的人文关怀；
3、地块内步道破碎度较高，路况差，存在较多消极界面；
4、步道功能单一，地块混合度低。

### Opportunity——机遇
1、慢行交通越来越受到重视，人们低碳出行意识逐渐提高；
2、当地政府对慢行交通的支持为地块提供强有力的推动力；
3、滨江公园的规划建设为地块带来动力。

### Threat——挑战
1、地块内的居民多为低薪阶级，地块内部环境较差，如何提升地块吸引力，给改造工作带来难度；
2、如何保护现有的历史资源，避免历史格调与现代风格产生冲突。

## 慢行空间分析

现状公共空间　潜在公共空间　步行空间尺度分析　步行空间界面分析

1、现状公共空间大部分呈带状分布，缺少广场、城市阳台等吸引元。
2、地块内除去山城步道以及少部分沿城市干道的空间质感较好，其余道路空间尺度都太大，界面不连续消极界面多。

## 功能结构分析

功能结构　单位机构　底商布局　社区活力点

行政办公
教育科研
商住综合
居住社区

1、地块内用地性质以居住为主，兼有行政办公、教育科研、体育用地以及沿街商业，分布不均，使用功能不丰富；
2、现状地块内的活力点少，零星分布，没能为居民提供较大面积的开放场所。

二等奖

## 地块慢行空间系统总体改造思路

针对地块现状，提出具体的"微生长"策略——慢行网络的微生长、区域功能的微生长、生活交往的微生长、历史文脉的微生长以及慢行质量的微生长。同时使用低碳的规划策略，引入适合的低碳技术对城市进行改造，最终实现慢行空间系统的有机更新。

现状分析 → 提出生长理念

慢行网络的生长 → 历史文脉的生长 → 生活交往的生长 → 生态措施
区域功能的生长 → 慢行质量的生长 → 区域活力的生长 → 低碳策略

上半城
快速公交系统
五分钟步行圈
下半城

### 慢行网络的微生长：修复现有步道，打通慢行断点，理顺交通，促进慢行网络生长，加强与景观节点、公共交通的联系。

点 + 线 + 面 →

现状　　　添加元素　　　改造后

### 历史文脉的微生长：挖掘地块历史文化价值，激活历史文脉，发展特色文化活动。

以科技手段再现历史风貌　　改造现有旧街区　　繁荣市井生活　　开展特色文化活动

### 区域功能的微生长：促进用地不同功能的有效混合，集约化使用土地，促进短路径出行。

物理接触：功能单一，缺乏联系　　化学反应：功能的混合与集聚

### 区域活力的微生长：通过对慢行空间系统的改造，提升地块吸引力，吸引不同阶层人群的汇集，为地块注入活力。

### 慢行质量的微生长：美化环境，提升慢行交通舒适性、安全性、愉悦性。

明显向导　　城市家具　　绿化　　照明　　铺装

可识别步行道

无障碍设计
无障碍通道　无障碍公建
视觉无障碍　听觉无障碍

### 生活交往的微生长：提升慢行道路的多重价值，沿道路应该营造出不同的各具特色的节点，为市民提供一个可供休憩、健身、闲谈等生活交往功能的开放空间。

体育空间　　广场　　绿地　　游乐场

1:50　1:12　1:12
路牙抹坡处理　　人行道处理　　沿街界面改造/改善路边停车

| 和平路/中兴路 | 火药局巷/领事巷 | 蔡家石堡/管家巷 | 山城巷/马蹄街/山城步道 | 南区路 | 滨江地块 | 长江滨江路 | 滨江绿带 |
|---|---|---|---|---|---|---|---|
| 提升人行道空间质量，改善人行过街情况，加强与公交的联系。 | 对步行道进行延伸与连接，改善人行过街、路面停车情况，改造沿街界面，增加商业设施。 | 道路慢行化改造，增加商业设施，改造沿街界面，提升居住环境品质。 | 建立清晰完善的标识系统，增加城市阳台，建设城市阳台，提升公共空间，对传统街区进行改造。 | 改善人行过街情况，加强道路隔离带绿化，提升人行道空间质量。 | 建设公共性低碳居住小区 | 改善人行过街情况，对立交下的空间进行利用与开发，接入公共交通。 | 提升滨江的亲水性，提升滨江的通透性，建设体育公园，提升活力。 |

**光导照明系统**
地块地形高差大，导致一些建筑物低层采光差，考虑采用光导照明系统，改善采光条件，减少电能的消耗。

**快速公交系统**
地块内主要的碳排放源就是机动车排放的废气，应当进一步加大公共交通建设力度，减少小汽车出行，使用清洁能源公车。

### 自然资源条件

雨水充足
太阳能资源匮乏
风能匮乏

**屋顶雨水收集系统**
屋顶雨水。屋顶雨水相对干净，杂质、泥沙及其他污染物少，通过弃流和简单过滤后直接排入蓄水系统，进行处理后使用。

**垃圾分类收集再利用**

**压力发电装置**
在车流量、人流量最大的地方设置压力发电装置，将车驶过或人行走过时产生的压力转化成一定电能为周边的LED路灯提供能源。

**防空洞**
地块内防空洞众多，冬暖夏凉，结合步道设置市民娱乐室。

**梯田式屋顶农场**
南区路与长江滨江路之间高差大，为了加强地块内部与滨江的联系同时又加强景观效果，可以考虑修建梯田式城市屋顶农场，建筑高度由滨江路向地块内部逐渐增加，建筑之间用步道联系，加强地块内部与滨江的联系，也达到了生态低碳的目的。

**中水系统**
使用后的生活污水、废水经适当处理后循环使用。

**景观碳汇**
广场、绿地、道路两侧栽植种黄葛树、香樟、银杏等固碳释氧、降温增湿能力强的植物。

**自行车道**
沿滨江平坦地带规划自行车道。

**地面雨水收集系统**
地面的雨水杂质，污染物源复杂。在弃流和粗糙过滤后，必须再进行沉淀才能排入蓄水系统进行处理后使用。

**喷水喷雾降温系统**
使用收集的雨水和处理过后的中水，设置喷水喷雾降温，将净化水喷射超细粒水雾，利用水从液体变成气体时从周围吸取热量，改善气温、湿度与人体舒适度。

**低技原则**
城市小品、家具等设计顺应环境，使用易取得的耐久材料，降低维护成本。

grow | 微交通·微生长 | 理念篇 2
MICRO-TRANSPORTATION | MICRO-GROWTH | 城市慢行空间系统设计 | 重庆

## 总平面图

① 城市休闲广场
② 街头绿地
③ 社区文化广场
④ 郭沫若故居
⑤ 山城历史纪念馆
⑥ 多层次城市阳台
⑦ 仁爱堂
⑧ 过街天桥
⑨ 城市生态屋顶广场
⑩ 滨江体育公园
⑪ 滨江自行车道
⑫ 亲水平台
⑬ 滨江绿地广场
⑭ 栈道
⑮ 第三步道
⑯ 改造重庆风貌老建筑区
⑰ 地下过街通道
⑱ 第三步道入口
⑲ 马蹄街
⑳ 敬老院
㉑ 休闲广场
㉒ 社区绿地
㉓ 下沉广场

㉔ 新建低碳社区
㉕ 街头绿地公园
㉖ 社会大学旧址屋顶纪念花园
㉗ 地铁出入口
㉘ 中兴路-北区路隧道口
㉙ 雷家坡立交桥
㉚ 领事巷规划路

北

0 10 20 30 40 50    100m

## 规划分析图

慢行交通系统分析

尊重原有肌理，打通慢行交通断点，加强与公共交通接驳，形成完整高效的慢行网络。

开敞空间分析

通过一系列各具特色多功能开敞空间设计提升地块活力。

慢行空间改造分析

创造丰富的道路界面景观，改善步行空间质量。

车行系统分析

机动车交通限制在地块外围，减少对地块内部慢行网络的干扰。

慢行空间功能分析

步行空间不同功能的有效混合。

## 设计说明：

本地块位于与石板坡相邻的下半城区域，本方案通过对慢行空间系统的解析，提出微生长的概念，尊重地块内部空间结构和历史传统，反对大拆大建，对地块进行低碳化改造，建立地块内部充满活力的慢性空间系统，同时联系了上下半城以及滨江地带。

**grow 微交通·微生长** 设计篇3
MICRO-TRANSPORTATION | MICRO-GROWTH | 城市慢行空间系统设计 | 重庆

## 设计意向

蔡家石堡：道路慢行化改造，改善步行空间尺度体验，引入生活服务设施，形成社区生活轴线，共享社区生活。

社区文体广场：结合郭沫若故居保护，建设有特色的居民文娱活动中心。

多层城市阳台：利用仁爱堂旧址的良好景观视野，联系山城第三步道，因地制宜，设置文化、商业、旅游、服务功能复合的的多层城市阳台。

滨江低碳公共社区：公共性居住社区，容纳不同阶层市民居住。设置阶梯式公共屋顶生态农场与南区路天桥连接，其公共性质电梯直接联系南区路北部与滨江地块，解决大高差条件下的垂直交通问题。

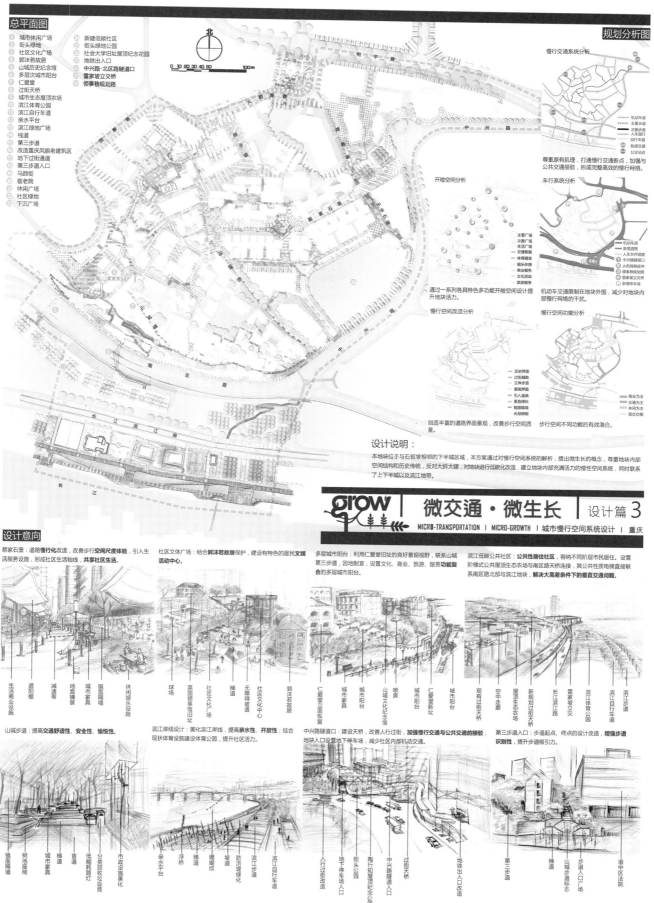

山城步道：提高交通舒适性、安全性、愉悦性。

滨江岸线设计：美化滨江岸线，提高亲水性、开放性；结合现状体育设施建设体育公园，提升社区活力。

中兴路隧道口：建设天桥，改善人行过街，加强慢行交通与公共交通的接驳，地块入口设置地下停车场，减少地块内部机动交通。

第三步道入口：步道起点、终点的设计改造，增强步道识别性，提升步道吸引力。

# Color live: pavement design

**内蒙古工业大学**

**指导教师** 胡晓　张立恒　贾震　　　**组员** 张然　胥光耀　何睿　郭妮阳

**设计工作情况说明：**

　　六月二十号我们从内蒙古出发，乘坐开往山城重庆的火车，准备开始竞赛的第一阶段——实地调研。

　　在重庆的三天里先是进行竞赛的基础课程指导，来自各个大学的老师们先后从生态设计、交往与空间、山城重庆、基地介绍等方面的课程开启我们对基地了解的第一步。最后一天我们由带队老师带领进行现场勘测。整个过程中我们心怀着几个问题进行调研：我们所选片区的范围与我们所设计的部分的范围所在；基地的整体特征及区位；基地生活群体概况及特征；基地空间特征及与平原城市的区别（建筑的和建筑群体的）；居民居住现状及存在问题。结束调研之后我们便确定了所选基地的范围，并对设计思路有了初步的想法。

　　回来之后我们把竞赛成果的完成分为三个阶段：整理资料确定设计方向；细化设计；成果制作。经过第一部分的梳理确定设计目标是完善旧建筑旧肌理，在原有的基础上创造更加灵活的空间，将山城灵活的空间理念融入基地设计中；通过设计解决基地交通路线不鲜明、排水储水设施简陋、公共空间匮乏等问题；注入基地新的功能（包括传统手工艺制作，特色商业，休闲展览等功能），为旧居住区增添活力。

　　在详细设计阶段分别重点进行了步道识别设计，步道排水与储水设计和步道公共空间设计，并结合以上三点对主要步道建筑进行改造。步道的识别采取色彩结合盲道、公共设施的策略。步道从主到次由暖色变冷色，将身处外片区的居民与游客依色彩变化引入片区内部，相反依色彩将片区内部的步道引出外部。主要步道排水储水主要采取变换铺装的策略，铺装采用石子（外加铁丝网固定）和原有材质石板和富有色彩的瓷砖（盲道的材质），将渗入土地以外富余的积水依水池排出。

　　在设计过程中大家珍惜每一个美妙的想法，经过讨论和推敲完善想法，最终大家共同完成了图纸的表达。

**专家评语：**

　　该设计紧扣竞赛"设计立意"的要求，解析空间结构、土地功能与交通系统的关系，以青涩的视角和学科交叉的创见性，尝试在特殊的地理条件下为城市的慢行空间系统优化发掘一条新的技术路径。设计本身提出的理念非常好，结合鲁道夫·阿恩海姆的色彩理论，提出"色彩步道"的理念，利用色彩鲜明的识别性提高步行者对形状的感知度。设计以色彩、建筑与生态融合、"海绵城市"三项规划理念针对步行系统、建筑、绿化三者提出具体技术手段，分析指导，最终落实到方案。前期分析与方案生成结合紧密，选择性的引导策略，均体现出设计者在工作思路上具有较强的逻辑性，对整体的把握比较好。展现了分析问题、凝练技术方面的思维能力，不是面面俱到，而是聚焦在某一种或若干关键性技术手段上探寻规划的对策和价值。

　　然而规划重点在于探讨规律性的问题，本方案的设计选址位于重庆核心商圈临近地段，存在旧城更新、历史保护等多重问题，方案在空间组织方式的提炼、文化要素的整合方面略显不足，应该在前期研究阶段更多的关注街道的多元性、公共参与性，注重文化性、低碳生态等问题分析，从而重建公共生活。

——重庆大学建筑城规学院教授　赵万民

**参赛者感言：**

张然：

　　接到参加暑期"西部之光"规划设计竞赛的资格许可之后我几乎高兴的难以言表。无论是层高自由变换的山城重庆还是期待已久的大师讲座都让我无比的兴奋。再回来着手设计的部分每个队员都有着奇奇妙妙的想法，在老师的指导下，在阵阵欢声笑语中一次又一次提出设想，推断论证，落实设计。同时，非常感谢竞赛的组织者能够给我们如此珍贵的学习机会，让我们得到了成长。

胥光耀：

　　此次获奖我非常高兴，都有些忘乎所以了，哈哈哈……我十分珍惜这次城市设计机会，在重庆，一个我从未来过，从未了解的城市，无节制的投射自己的设计思路，因此我觉得这次机会十分的可贵！最终，我们的设计得到各位国内知名专家的肯定，我们都很欣喜。很希望自己日后可以在实际项目中投射自己的设计思路，完善我们的城市。

何睿：

　　参加这次"西部之光"大学生暑期设计竞赛让我们受益匪浅，不仅让我们对城乡规划这个学科有了更深入的了解，更培养了我们的团队协作能力与设计创新能力，对于本次竞赛的设计题目，我们的参赛作品《color space》从以人为本的角度出发，设计了色彩步道的概念。

郭妮阳：

　　"功成不必在我，而功力必不唐捐。"这句话激励我克服了许多当初感到棘手的难题：第一次参与专业竞赛；和较陌生的同学团队合作；在外求学的自己第一次这样面对自己的家乡；知识体系的不完善等等。"西部之光"给了我挑战的平台，从调研到获奖，我与团队一路走来有苦有笑、有叹有喜。成功虽小，也是团队合作的结晶。谢谢三位队友的帮助与包容，也谢谢"西部之光"给了我自信与继续努力的方向。

二等奖

# 5 color live

**pavement design**

重庆市渝中区天门东线色彩结合步道城市设计

## 基本信息 essential information

## 文脉分析 Context Analysis

## 区位分析 location analysis

## 孤地现状分析
The present situation of the traffic

现状交通示意图
The present situation of the traffic

建筑质量评估
Construction quality assessment

景观绿化分布
Landscape distribution

## 色彩专项分析 Color feature analysis

重庆印象 impression of chongqing

## 色彩与心理 Color and psychological

色彩指引 color guide

色彩子步道 The colour of trails

## 步道整合 Trails integration

打通步道 Through trails

## 色彩结合设计 Color and design

## 规划理念 Idea of design

色彩理念 Color concept

建筑理念 The concept of building

基地公共交通分布图
The base of the public transportation

建筑保留价值评估
Building retention value

景观绿化分布图
The line of sight of the landscape

步道色彩处理方案
Trails of color processing

建筑处理方案
The architectural design

雨水处理方案

"海绵城市"理念
Sponge city

二等奖

**8 color live**

**pavement design**

重庆市渝中区天门东线色彩步道城市设计

**总图分析**
General analysis

功能分区
Functional partition

交通结构
The traffic structure

景观结构
Landscape structure

**总平面图**
The total floor plan

**步道色彩示意图**
Trails color sketch

色彩结合建筑底层

色彩于步道

步道—色彩于曲桥

**步道四剖面1—1**

驳溪底层TRANSFER SLIP

滨河景观带RIPARIAN LANDSCAPE AREA

行车道ROADWAY

休憩游园REST PARK

叠水景观 STACK WATERSPACE

植物小游园PLANT SMALL GRDEN

特色商业THE CHARACTERISTIC COMMERCIAL

台地休憩园PLATFORM REST PARK

渗漏步道THE SEEPAGE PATH

建筑连廊BUILDING CORRIDOR

渗漏步道THE SEEPAGE PATH

屋顶花园ROOF GARDEN

架空敞开区OVERHEAD OPEN PARK

人行天桥PEDESTRIAN OVERCROSSING

步行步道FOOTPATH

**功能生成**
Function to generate

**片区分析**
Area analysis

**步道一片区分析** Area analysis of trails I

**步道二片区分析**
Area analysis of trails II

**步道三片区分析**
Area analysis of trails III

**步道四片区分析**
Area analysis of trails IV

# 03 color live

## pavement design

重庆市渝中区天门东线色彩步道城市设计

水景观 Water

步道设计 Trails designed

步道局部透视 Trails of local perspective

步道设计策略 Trail design strategy

水景观处理策略 Water treatment strategy

地表层 水图渗水示意图 Water use of schematic diagram

地表层 渗图渗水示意图 Treat water penetration

步道改造实施 Trails transformation implement

建筑特色分析 Architectural features analysis

透视图 Perspective drawing

步道一透视 Trails of perspective I

步道二透视 Trails of perspective II

步道三透视 Trails of perspective III

步道四透视图 Trails of perspective IV

建筑立面形式

步道三剖面图2—2

二等奖

步行道 FOOTPATH

车行道 ROADWAY

休憩游憩 REST

屋顶花园 ROOF GARDEN

人行天桥 PEDESTRIAN OVERCROSSING

平台游憩 PLATFORM REST

特色商业 THE CHARACTERISTIC COMMERCIAL

植物小游园 PLANT SMALL GROEN

车行道 ROADWAY

步行道 FOOTPATH

渗水步道 THE SEEPAGE PATH

人行天桥 PEDESTRIAN OVERCROSSING

屋顶花园 ROOF GARDEN

建筑内连廊 BUILDING CORRIDOR

架空绿地 OVERHEAD OPEN PARK

特色商业 THE CHARACTERISTIC COMMERCIAL

人行天桥 PEDESTRIAN OVERCROSSING

车行道 ROADWAY

滨河景区 RIPARIAN LANDSCAPE AREA

渗水步道 THE SEEPAGE PATH

轮渡码头 TRANSFER SLIP

建筑特色分析 Architectural features analysis

步道一透视图 Trails of perspective I

步道二透视图 Trails of perspective II

步道三透视图 Trails of perspective III

步道四透视图 Trails of perspective IV

# 无间行走·Gapless Pavement——时空间重构下的低碳多维慢行系统

西安建筑科技大学

**指导教师** 王侠　　**组员** 刘辰　万一郎　张扬帆　张雅兰

**专家评语：**

参赛作品《无间行走》对于此次竞赛的主旨理解较为透彻：通过分析厘清重庆市渝中半岛上下半城之间割裂的原因，结合公共生活空间对相应地块内慢性交通系统的重构——以达成改善区域内空间环境质量、提升公共设施服务水平、疏解交通的综合作用。

参赛选手运用时间地理学的 PESASP（可替代样本路径汇总评价）方法对用地内的人流活动进行解析，整理出人们日常活动的规律、路径，并寻找出各类人流活动的交汇点。借用量子力学"虫洞理论"的理念对人流活动汇集点进行再设计，构建"穿越捷径"以提升交通效率；同时促进空间的复合利用来达成空间利用效率的倍增。与此同时梳理人流与区内各个功能区域之间的关系，增加横向交通联系，形成覆盖全区的慢行交通系统网络。对问题的分析较为透彻，较好地支撑了解决方案的生成。

参赛选手以"时无间"、"空无间"、"行无间"的理念来贯彻对社会生活、区域功能、交通组织、文化延承、行为方式的延续和提升。充分利用山地地形特点和建设传统进行理念重构，较好地体现了"微措施"针对关键点"发功"而带来的整体效益的提升，其方案具有较强的可实施性。但是针对"低碳、生态"的"山水无间"理念的生成在方案中的落实措施和分析稍显欠缺，是本方案的一个遗憾。

参赛作品用色淡雅、构图大气，图面整体效果较好，较好地阐述了设计主题。但是有些分析图过度地依赖图示语言，忽视了图文并茂的重要性，反而增加了理解的难度。另外，本方案在基本图纸的作图规范性方面还存在一些欠缺，使得关键内容的表达不够清楚，影响了方案的设计深度。

——西南交通大学建筑与设计学院教授　毕凌岚

**参赛者感言：**

刘辰：

这是一次非比寻常的竞赛。二十多所院校的同学聚集到一起，除开竞赛本身就是一件很有意义的事情。在重庆，我们直观地感知基地内部的生活，这在以往的竞赛中是少见的。我们在设计的过程中尽量尝试着从当地人的角度去入手，怎么保留他们的生活方式，改善他们的生活环境，同时方便他们的生活是贯穿我们设计始终的线索。庆幸的是我们最终坚持下来并且从物理学、地理学中借鉴了一些理论同时结合基地的现状确定了我们的主题"无间行走"。

万一郎：

这次竞赛最大的收获是明白团队的重要性。从破题到立意、具体分工、深化设计直至最后的出图，在有限的时间内，如何将工作安排得有理有序，如何形成高效积极的讨论气氛，如何整合身边的资源，团队的影子都无处不在，它的每一次决策都影响到最终问题解决的好坏。在这里我要感谢我的老师，还有我的伙伴们，是你们让我获得了一次难得的成长。

张扬帆：

本次"西部之光"设计竞赛的地块位于山城重庆，"无间行走"除后期在空间设计上的反复推敲，不断修改，前期对地块所在区域——渝中半岛下半城的详尽了解与调研也为我们提供了设计的最初思路。通过切身体会当地特色的生活方式，同当地居民交谈，查阅历史文献；从而归纳清晰待解决的问题，总结出当地居民的需求。我认为这是设计的基础，也是灵感的源泉。当真正提交作品的那一刻，对重庆、对渝中半岛也有了一个更深刻、更生动的认识。竞赛中"虫洞"的理念以及时间地理学的方法的使用，促使我在学习中更广泛的涉猎其他学科。小组合作的形式，尽管免不了相互争论，但让我感受到与他人一起学习、一起进行设计的乐趣。

张雅兰：

与其把这次竞赛视作山地城市空间设计，倒不如视为对城市居民生活方式的引导。正是这个天然的地势落差，使我们能在时间与空间这个二维的空间里重组居民的日常行为，让低碳与环保不仅体现在我们的房屋建造，绿化盆栽，更融入我们的生活节奏里，当蓝天绿草存在于我们不经意的足间时，是否也是一种全新的 city life？

三等奖

GAPLESS PAVEMENT

# 无间行走
时空间重构下的低碳多维慢行系统

上半城 下半城

居住品质

上下半城的割裂是重庆渝中区未来发展的重大问题，这种割裂不仅体现在地理上，更是一种生活方式及心理上的割裂。方案基地选在了具有代表性的湖光会馆周边。讨论了老重庆生活城市文化的根源，希望通过街区功能复合，以减少不必要的出行交通量，并使市民获得更多时间去关注生活品质；同时希望营造完整丰富的公共活动空间，以增进人与人之间的交流。

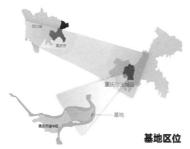

基地区位

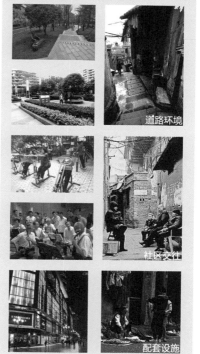

道路环境

社区交往

配套设施

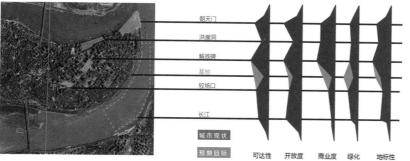

城市现状
预期目标　　　可达性　开放度　商业度　绿化　地标性

**城市结构分析与预期发展目标**

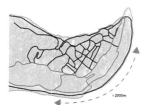

**山城步道的意义及设计策略**

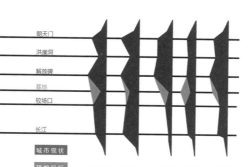

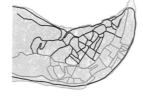

渝中区上半城各方向路网纵横交错，四通八达，靠近长江的下半城从中兴路到朝天门隧道大于2000米的长度范围内，联系上下半城的干道就只有曲折的凯旋路一条。如此长的绕行距离抑制了步行行为的产生，POD模式难以建立，低碳的城市生活环境缺少了重要的一环。

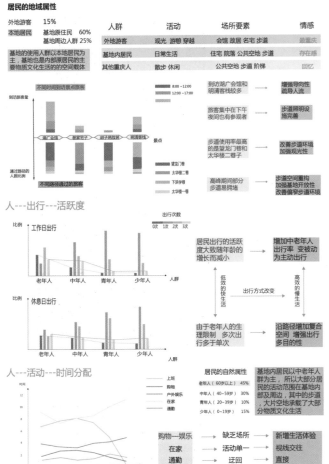

城市重要聚集空间品质随时间的变化

湖广会馆内部功能结构随时间的变化

湖广会馆地块空间品质随时间的发展越来越低，城市其他聚集空间的崛起导致该地块失去竞争力，人们不愿意进入此地开展活动。然而，地块内部的诉求也越来越多，矛盾越来越多。急需对这些矛盾进行疏导，提升地块空间品质及活力，使其有机的融入城市，甚至成为城市中一个重要的枢纽。

## 人的行为分析

人—行为—场所—情感

### 居民的地域属性

| 外地游客 15% | | | |
| 本地居民 基地原住民 60% | | | |
| 基地周边人群 25% | | | |

| 人群 | 活动 | 场所要素 | 情感 |
| --- | --- | --- | --- |
| 外地游客 | 观光 游憩 穿越 | 会馆 故居 名宅 步道 | 最重庆 |
| 基地内居民 | 日常生活 | 住宅 院落 公共空地 步道 | 存在感 |
| 其他重庆人 | 散步 休闲 | 公共空地 步道 阶梯 | 回忆 |

基地的使用人群以本地居民为主，基地也是内部原居民的主要物质文化生活的空间载体

不同时间到访景点旅客

| 到访湖广会馆和明清客栈较多 | 增强导向性 疏导人流 |
| --- | --- |
| 旅客集中在下午夜间也有参观者 | 步道照明设施完善 |
| 步道使用率最高的是望龙门巷和太华楼二巷子 | 改善步道环境 加强观光性 |
| 高峰期间部分步道易拥堵 | 步道空间重构 加强基地开放性 改善偏窄步道环境 |

## 人—出行—活跃度

工作日出行

休息日出行

| 居民出行的活跃度大致随年龄的增长而减小 | 增加中老年人出行率 变被动为主动出行 |
| --- | --- |
| 由于老年人的生理限制 多次出行多于单次 | 沿路径增加复合空间 增强出行多目的性 |

低效的快生活 出行方式改变 高效的慢生活

## 人—活动—时间分配

不同年龄人群在不同活动上的时间分配

| 老年人（60岁以上）45% |
| 中年人（40～59岁）30% |
| 青年人（20～39岁）10% |
| 少年人（0～19岁）15% |

基地内居民以中老年人群为主，所以大部分居民的活动范围在基地内部及周边，其中的步道，大片空地承载了大部分物质文化生活

| 购物—娱乐 | 缺乏场所 | 新增生活体验 |
| --- | --- | --- |
| 在家 | 活动单一 | 视线交往 |
| 通勤 | 迂回 | 直接 |
| 上班 | 场所隐蔽 | 捷径 |

总平面图

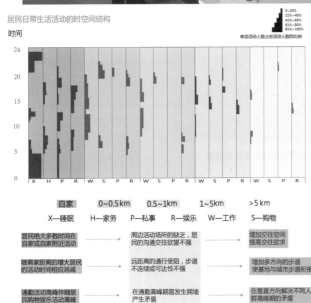

# 无间行走
## 时空间重构下的低碳多维慢行系统

居民日常生活活动的时空间结构

时间

| 单项活动人数占总活动人数的比例 |
| 5～20% |
| 21～40% |
| 41～60% |
| 61～80% |
| 81～100% |

| 自家 | 0～0.5km | 0.5～1km | 1～5km | >5km |
| --- | --- | --- | --- | --- |

X—睡眠　H—家务　P—私事　R—娱乐　W—工作　S—购物

| 居民绝大多数时间在自家或自家附近活动 | 周边活动场所的缺乏，居民的沟通交往欲望不强 | 增加交往空间 提高交往欲求 |
| --- | --- | --- |
| 随着家距离的增大居民的活动时间相应消减 | 远距离的通行受阻，步道不连续可达性不强 | 增加多方向的步道 使基地与城市步道衔接 |
| 通勤活动高峰伴随居民购物娱乐活动高峰 | 在通勤高峰期易发生拥堵产生矛盾 | 在垂直方向上解决不同人群高峰期的矛盾 |

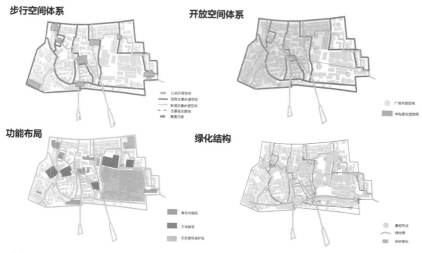

步行空间体系

开放空间体系

公共开放空间
现有主要步道空间
新增主要步道空间
主要观光路线
备道交通

广场开放空间
半私密生活空间

功能布局

绿化结构

复合功能区
文体教育
历史建筑保护区

景观节点
绿化带
点状绿化

## 虫洞 WormHole

概念提出：物理学中有"虫洞"理论，用来连接宇宙遥远区域间的时空习惯，1930年代由爱因斯坦及纳森·罗森在研究引力场方程时假设的，认为透过虫洞可以做瞬时间的空间转移。

以保留原住民生活方式以及提升器生活品质为出发点，积极倡导低碳生态理念，对基地内人的行为进行空间梳理，引入"虫洞"的概念，通过时空间的重构以及街区功能复合的手段，以减少出行交通量和出行时间，并使市民获得更多时间以关注生活品质；丰富公共活动空间，以增进人与人之间的交流。发掘基地山水格局和文化肌理，形成精神上的认同感与归属感，构造代表"重庆精神"的城市空间特征。

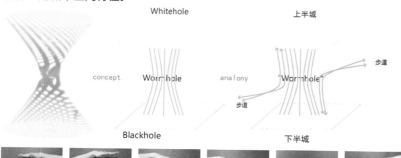

## "虫洞"的组织方式

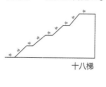 

十八梯

THROUGH

白象街

PASSING

凯旋路电梯
重庆传统城市高差处理手法

ROUNDING

三等奖

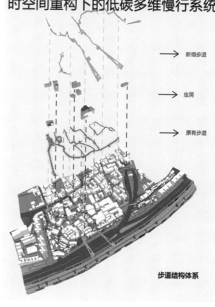

# 无间行走
## 时空间重构下的低碳多维慢行系统

新增步道

虫洞

原有步道

步道结构体系

# 老山城，微慢行

重庆大学

**指导教师** 魏皓严　　**组员** 邓夕也　易雷紫薇　付喻靖　陈帅奇　岳俞余

**专家评语：**

　　1. 切题准确：从重庆市的历史及地理分析入手，以交通出行统计分析为依据，推出"步行"是重庆老城区的主要出行方式，抓住了重庆老城区的特点。

　　2. 分析透彻：从总体到局部进行分析，从肌理到用地功能进行分析，从交通到景观进行分析，从现状房屋到地形进行分析，内容齐全，反映出设计者思路清晰，把握规划设计各要素的准确度较高。

　　3. 理念先进：以"微"字为源，强调在高速度与大尺度发展建设的时代，应该关注细节、关注品质，由此提出"历史、功能、交通、便捷"为一体的规划设计思路。

　　4. 措施得当：对规划设计范围的相关内容提出改造设想，延续文脉，创造宜人空间，体现低碳。

　　5. 不足之处：该课题在理论层面进行了有益的探索创新，但在实操层面缺乏具体的内容与详细的设计方案，这兴许是学生设计的特征。

　　　　　　　　　　　　　　　　　　　　　　　　——北京市城市规划设计研究院总规划师　王引

**参赛者感言：**

邓夕也：

　　这一次的课题给了我们一个很好的机会了解老重庆最真实的居民生活，了解老重庆最具特色的山城梯道。设计并不需要我们做太大的改变，尊重当地的生活形态，通过整合现有资源，局部的微整不足之处，才是我们应该理解并掌握的一种设计方法。

易雷紫薇：

　　设计是一个探索的过程，不仅仅是强势地表达设计者的意愿，而是对于场地的理解过程。在重庆最炎热的七月，我们爬坡上坎，穿行于老重庆的遗存里。梳理老山城的脉络后，发现传统的慢行系统已经非常精妙，而我们要做的只是微改造。充分尊重，就是这个设计竞赛所教给我的。

付喻靖：

　　大山大水，大开大合，粗犷的美学背后却还有这么细微如毛细血管的慢行系统。这样的冲撞非常有魅力。跟组员一起做这个竞赛，感觉非常有趣和充实，加深了同学之间的情谊，希望以后还有这样的机会！

陈帅奇：

　　第一次尝试这么多人的小组合作形式，觉得互相之间有很多可以学习的地方，收获的不仅仅是设计本身，而是组员之间给予的启发。但是如何提高合作的效率也是问题，以后还可以再次尝试。

岳俞余：

　　虽然我是土生土长的重庆妹子，但并不是特别了解家乡特色，特别是渝中半岛下半城居民的生活状态。印象中，总以为这些居民收入不高，生活应该比较坎坷，但经过实地调研后，才发现他们有自己的小日子，充实而悠闲。看来以后还得更加仔细的观察城市，感受生活！

## 设计说明

本设计选取渝中半岛下半城人民公园至湖光会馆一线作为设计用地，以慢行系统规划激活场地。场地高差大，拼贴的城市场景保留并记录着重庆的传统风貌，各个历史建筑共存，生活气息浓厚。慢行系统设计以"微"为概念，在充分尊重场地原有要素的基础上，梳理场地微秩序，进行系统地微改造，将慢行系统融入场地中，创造富有活力的慢性空间。

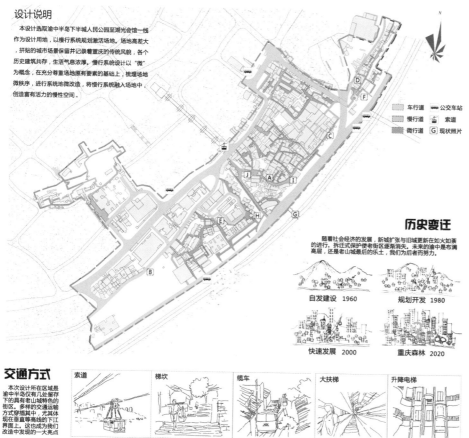

车行道　　索道
慢行道　　公交车站
微行道　G 现状照片

## 交通方式

本次设计所在区域是渝中半岛仅有几处留存下的具有老山城特色的街区。多样的交通运输方式穿插其中，尤其体现在垂直尊高线的下江界面上，这也成为我们改造中发现的一大亮点。

| 索道 | 梯坎 | 缆车 | 大扶梯 | 升降电梯 |

## 历史变迁

随着社会经济的发展，新城扩张与旧城更新在如火如荼的进行，拆迁式保护使老街区逐渐消失。未来的渝中是布满高层，还是老山城最后的乐土，我们为后者而努力。

自发建设 1960　　规划开发 1980

快速发展 2000　　重庆森林 2020

随着经济的发展，城市更新的不断推进，新老山城、上下半城在尺度和生活氛围上的差异越来越明显，我们将如何对待富有山城特色的下半城？是拆除还是更新？是打破还是修复？

### 区位分析

设计场地位于重庆市渝中半岛东南下半城范围内，南临长江，对望南山，北接解放碑，区内地形地势丰富，对外交通便捷，是巴渝风貌的聚集地。

### 现状呈现

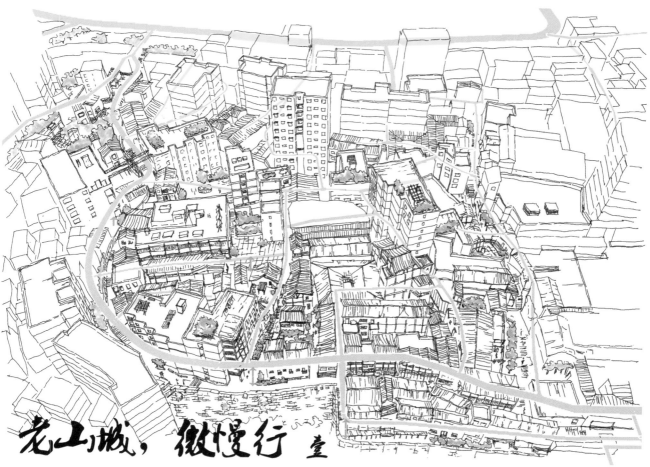

老山城，微慢行 壹

### 概念阐释

#### 微时代

互动性　个性化
体验性　多元化

微时代，是以短小精炼作为文化传播特征的时代，它信息数量小，但传播速度更快、传播内容更具冲击力和震撼力；信息内容更加多元化，精彩纷呈，每个人都以微小的力量，融入这个大变革大变动的大时代之中。

#### 微生活

联系性　异质性
多元性　非中心

微生活，类似于法国哲学家德勒兹提出的块茎结构，是指在微时代下，利用去中心化的裂变式多级传播模式，传播碎片化信息，借以实现自我表达，交往需求与社会认知。

#### 微慢行

尺度微小　可达性强
体验微妙　充满活力

微慢行，是指在微小尺度下适宜于互动的、体验精微的生活状态；也指承载这种舒缓生活的微小尺度路网。在这种路网系统上人与人之间会有更多的互动与联系，公共生活更加丰富。

#### 微改造

微连接　微置换
微拆除　微激活

该片区较为完整的保留了渝中半岛老山城的肌理尺度，极为适合微慢性交通以及微慢行生活，在保留这种肌理尺度的初衷下，我们采取微小改造的方式改善其微慢行交通结构与环境，提高微慢行网络活力。

### 评价因子

#### 肌理尺度分析

微尺度 <3m
小尺度 3～6m
中尺度 6～20m

建筑肌理

微尺度慢行线
小尺度慢行线
中尺度慢行线

该片区的肌理尺度充分反映了老山城的风貌特色，场地尺度丰富，特别是其中的微、小尺度，亲切宜人，适宜漫步，极好的保留了传统的邻里关系。

#### 功能分析

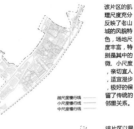

东水门历史街区

消防烈士纪念碑
得意门历史街区
巴县衙门
白象街历史街区
历史文化遗产

建筑肌理
居住用地
商住混合
商业用地

广场绿地
市政设施
学校用地

该片区以居住为主、商住混合，有较多的历史文化遗迹，但缺乏联系引导。各功能之间相互干扰较大。学校前缺乏开敞空间普遍缺乏开敞空间。

#### 交通换乘点分析

公共交通分析

地铁站
公交车站

垂直方式分析

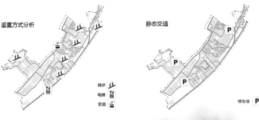

楼步
电梯
索道

静态交通

停车场 P

该片区竖向高差大，纵向联系限制较大，交通以步行为主，缆车电梯等为辅。部分公交车站位置设置不合理，导致公共交通出行不便。

#### 坡度分析

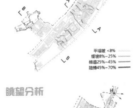

平缓坡 <8%
缓坡8%～25%
陡坡25%～45%
陡坡45%～70%

#### 眺望分析

眺望点
眺望段

A-A剖面图

B-B剖面图

老山城，微慢行 贰

# 老山城，微慢行 叁

**结构微调**

**A.串联历史遗迹 增加南北向联系**

历史文化遗产
名胜文化带

车行道
慢行道
微行道

**B.交通方式重塑**

公交车站　索道
停车场　P　缆车
自行车　电梯

游人
居民

**C.部分功能重组**

微慢行网络
宋度变
新增广场绿地
商业整改区域
新增商业用地

城市阳台

校舍续租

腾海公园

东水门

**三等奖**

## 街区微调

**A.微型街道改造**

**B.白象街改造**

**C.下江街道改造**

A.索道 B.增加木棚 C.连通尽端路 D.白象街商业 E.白象商业街 F.复活空中街道
G.缆车入口广场 H.活动平台 I.复活缆车 J.改建绿地 K.缆车下住屋改成商业

# LOHAS（乐活）——lifestyles of health and sustainability

**长安大学**

**指导教师** 杨育军 郭其伟　　**组员** 高文龙 李正 傅利斌 张鹏 赵淑娆

**专家评语：**

　　三个挑战、五个主题围绕一个概念"乐活"、一个重点"步行"，实现一个愿景"创建快乐街区、都市港湾"。该方案最大的特点在于主旨鲜明，逻辑清晰。通过急速发展的城镇化需求与生活品质、人文需求的矛盾，引发对慢生活的思考，顺理成章的引出对慢行交通系统的研究，以小见大，针对核心问题解决复杂的城市矛盾，思路较为巧妙。

　　随后采取渐进式的发展策略，以"居、游、商、文、情（山地风情）"分解核心问题，通过物质与非物质层面的功能分区，完成空间组织与环境优化。

　　设计者在尝试着解决充满多样性、复杂性、矛盾性的城市问题，对于三四年级的学生来说是具有挑战性的，难能可贵。然而"乐活"概念本身更多的关注社会生活方式的矛盾，调查研究与设计中还可以进一步挖掘该区域所面临的空间组织、交通疏导、建筑布局、绿化网络等关键性问题，提出具体可行的处理方案。

——重庆大学建筑城规学院副院长、教授　李和平

**参赛者感言：**

高文龙：

　　竞赛让我们更加懂得了设计思想的重要性，辨明了设计中道与术的关系——智者为之道，能者为之数。想在以后道路上走得更远，我们要加强理论知识的学习与积累。

李正：

　　"只要功夫深，铁杵磨成针"，竞赛取得的成绩是团队成员共同努力的结果，规划是一项合作的事业，这次的竞赛也为我们以后更好的与他人合作奠定了基础。

傅利斌：

　　我认为设计更多的是关于人的设计，正是我们更多的强调了对人的关注，才有了我们如今主题的提出，生活是人类活动的一种概括，这次设计也让我体会到了设计源于生活的味道。

张鹏：

　　书法讲究"记白当黑"，就像设计中的虚与实，两者的互通性让我更好地抓住了设计的主与次，同时又能从新的角度去重新审视问题的发展，这次的设计让我在设计与书法两者的理解上都获得了提高。

赵淑娆：

　　很有幸参加这次竞赛，在师兄们的带领下我对规划有了新的认识。在以后的学习中，我应当加强设计方法论的学习，注重设计中逻辑关系的存在性，同时多多练习自己的画图技能。

# LOHAS (乐活)

如果生活纯属劳累，人还能举目仰望说：我也甘于存在吗？···——荷尔德林

慢

BACK TO FIELD!
"原"生活(original life)
SLOW DOWN. PLEASE!
"慢"生活 (slow Life)
DRINK WITH ART!
"艺"生活 (art Life)

Life ?

我们需要什么样的生活呢

1、高速经济增长背后的精神迷失
2、现代生活压力下的情感远离
3、快速郊区化后的新城市情结

生活缺失了载体，也将无所适从···

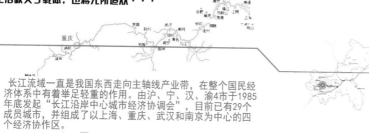

江北
南岸
朝天门
解放碑

长江流域一直是我国东西走向主轴线产业带，在整个国民经济体系中有着举足轻重的作用。由沪、宁、汉、渝4市于1985年底发起"长江沿岸中心城市经济协调会"，目前已有29个成员城市，并组成了以上海、重庆、武汉和南京为中心的四个经济协作区。

与解放碑（CBD中心）仅仅900米

与对外交通枢纽的距离较近，一号轨道交通的起点位于基地旁边

位于沿长江北岸从朝天门至石板坡形成巴渝风情旅游产业集的核心节点处

基地受地形高差影响，内部无城市道路穿越，东西两侧紧邻城市干道

公共交通系统不完善，基地周边公共交通站点严重缺乏

重庆自古就有"上下半城"之分，"下半城"地区曾经作为老重庆政治、经济和文化中心，蕴含丰富的自然景观和人文景观，历史遗存真实的反映了传统山城的集体记忆。

历史变迁，如今"下半城"一片贫穷、落后的景象，"上下半城"发生质的颠倒，"下半城"成了被人遗忘的角落。。。

三等奖

## 综合现状分析图

基地之联
基地内现有步行系统局部具有自由、灵活、规模小等特点，但是整体上缺乏统一的规划与设计，步行系统被小街道、车行道及停车场等景观因素所阻碍，缺少联系鲜为行人考虑。

基地之链
基地内依托步行系统而形成的公共空间在传统城市空间的影响下，丰富而特色鲜明，但是在他们之间穿行十分困难，可达性差，即场所之间缺乏整体性，有断链之势。

基地之恋
基地内公共生活延续我国典型活动模式，公共空间广泛应用于清晨和傍晚的休闲和体育运动，伴随着21世纪生活方式和用户需求的极大改变，空间承载力明显不足，使得行人恋恋不舍。

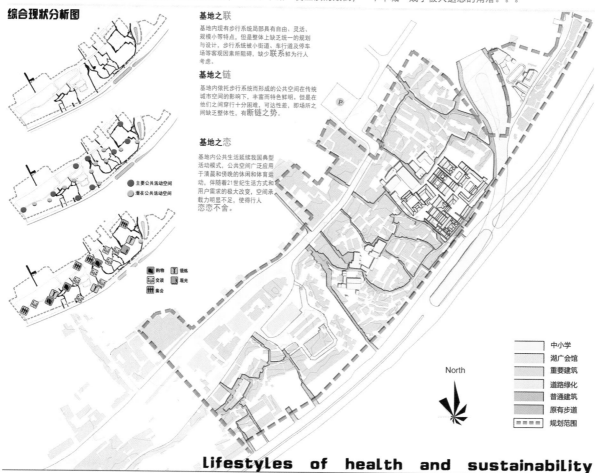

● 主要公共活动空间
● 潜在公共活动空间

购物 锻炼
交谈 观光
集会

North

中小学
湖广会馆
重要建筑
道路绿化
普通建筑
原有步道
规划范围

# LOHAS(乐活)

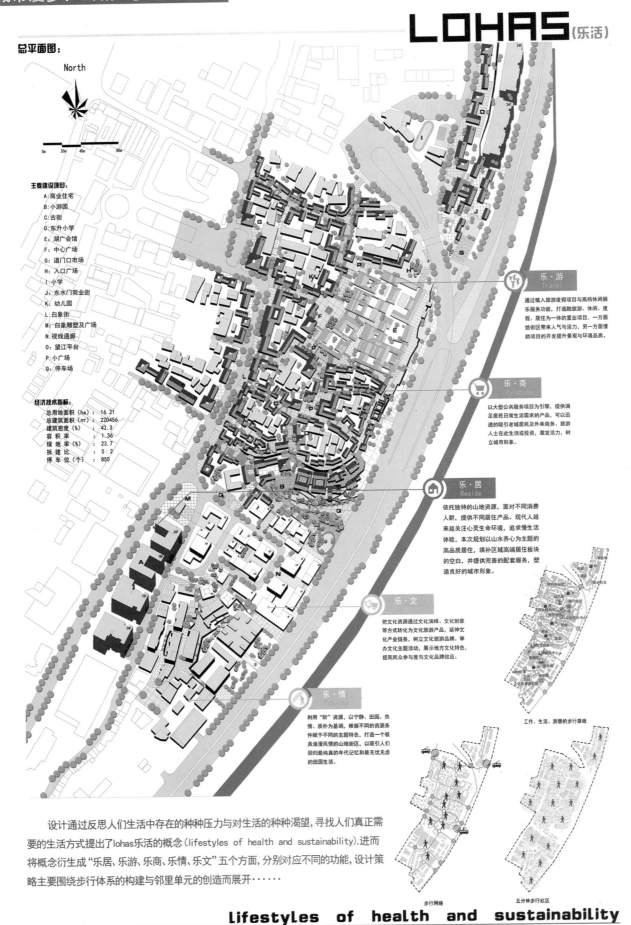

总平面图:

North

0m 20m 40m 80m

主要建设项目:
A:商业住宅
B:小游园
C:古街
D:东升小学
E:湖广会馆
F:中心广场
G:道门口市场
H:入口广场
I:小学
J:东水门商业街
K:幼儿园
L:白象街
M:白象雕塑及广场
N:视线通廊
O:望江平台
P:小广场
Q:停车场

经济技术指标:
总用地面积(ha): 16.21
总建筑面积(m²): 220456
建筑密度(%): 42.3
容积率: 1.36
绿地率(%): 23.7
拆建比: 5:2
停车位(个): 850

乐·游
Travel
通过植入旅游度假项目与高档休闲娱乐服务功能，打造融旅游、休闲、度假、居住为一体的置业项目，一方面给街区带来人气与活力，另一方面借助项目的开发提升景观与环境品质。

乐·商
Purchase
以大型公共服务项目为引擎，提供满足居民日常生活需求的产品，可以迅速的吸引老城居民及外来商务、旅游人士在此生活或投资，激发活力，树立城市形象。

乐·居
Reside
依托独特的山地资源，面对不同消费人群，提供不同居住产品。现代人越来越关注心灵生命环境，追求慢生活体验。本次规划以山水养心为主题的高品质居住，填补城区高端居住板块的空白，并提供完善的配套服务，塑造良好的城市形象。

乐·文
把文化资源通过文化演绎、文化创意等方式转化为文化旅游产品，延伸文化产业链条，树立文化旅游品牌。举办文化主题活动，展示地方文化特色，提高民众参与度与文化品牌效应。

乐·情
利用"阶"资源，以宁静、田园、热情、质朴为基调，根据不同的资源条件赋予不同的主题特色，打造一个极具浪漫风情的山地街区，以吸引人们回归最纯真的年代记忆和最无忧无虑的田园生活。

工作、生活、游憩的步行路线

步行网络    五分钟步行社区

设计通过反思人们生活中存在的种种压力与对生活的种种渴望，寻找人们真正需要的生活方式提出了lohas乐活的概念(lifestyles of health and sustainability)，进而将概念衍生成"乐居、乐游、乐商、乐情、乐文"五个方面，分别对应不同的功能，设计策略主要围绕步行体系的构建与邻里单元的创造而展开……

三等奖

**Lifestyles of health and sustainability**

# LOHAS（乐活）

乐生活

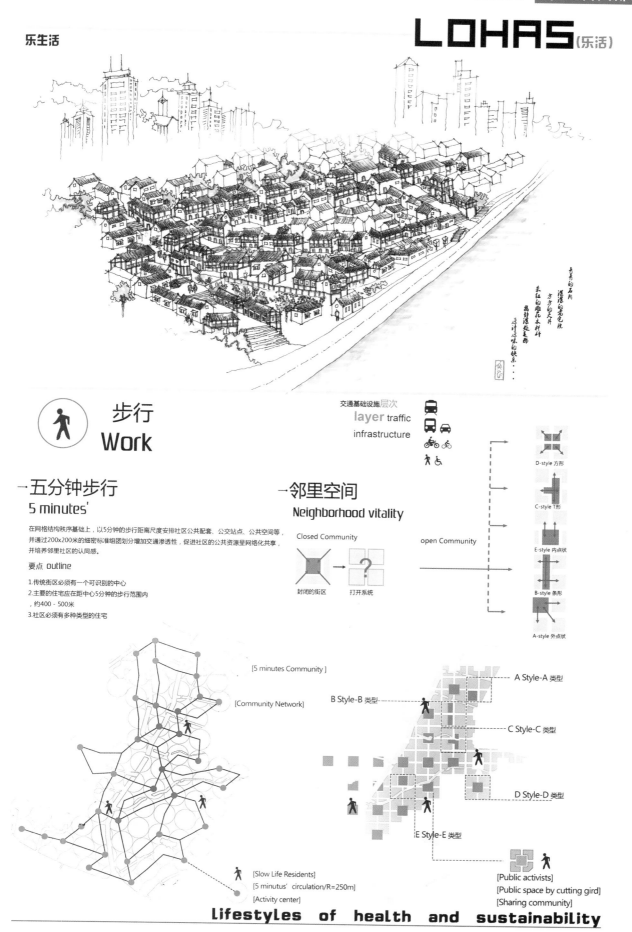

## 步行
## Work

交通基础设施层次
**layer** traffic
infrastructure

D-style 方形

C-style T形

E-style 内点状

B-style 条形

A-style 外点状

### 一五分钟步行
### 5 minutes'

在网格结构秩序基础上，以5分钟的步行距离尺度安排社区公共配套、公交站点、公共空间等，并通过200x200米的细密标准组团划分增加交通渗透性，促进社区的公共资源呈网络化共享，并培养邻里社区的认同感。

要点 outline

1.传统街区必须有一个可识别的中心
2.主要的住宅应在距中心5分钟的步行范围内，约400 - 500米
3.社区必须有多种类型的住宅

### 一邻里空间
### Neighborhood vitality

Closed Community

封闭的街区　　打开系统

open Community

[5 minutes Community ]

[Community Network]

B Style-B 类型

A Style-A 类型

C Style-C 类型

D Style-D 类型

E Style-E 类型

[Slow Life Residents]
[5 minutus' circulation/R=250m]
[Activity center]

[Public activists]
[Public space by cutting gird]
[Sharing community]

# 脚尖下的五线谱

**吉首大学**

**指导教师** 杨靖 谢文海　　**组员** 刘伍洋 彭翔 吴朋蓬 谭葵 李昌盛

**设计工作情况说明：**

"脚尖下的五线谱"——十八梯慢行系统规划设计方案，是由吉首大学第一小组的成员利用暑假近两个月的时间，在指导老师的严格要求和耐心指导下精心完成的，设计过程大体可分为五个阶段：

一、现场调研与座谈访问阶段

6月22日~6月24日前往基地现场进行调研，摸清街巷空间现状和步行道肌理，调查现场的建筑质量、建筑高度、建筑开发强度与人口密度，同时还发放大量现场问卷。随后分析现状，总结问题，向规划学会规划专指委和重庆大学的专家、老师汇报，听取专家、老师对十八梯的分析介绍及悉心指导。

二、资料收集准备阶段

从7月2日~7月15日是本次设计的第一个阶段，主要任务是划定本组的设计规划红线范围，并明确初步构思的方案，包括拟解决的主要问题、目标定位、功能构成等大致构思。在这个阶段中首先广泛搜集关于十八梯的现状资料，包括其区位背景、人口资料等，以充分了解其现状特征。随后，整理、分析十八梯已实施或即将实施的规划设计，特别是十八梯慢性系统的规划设计。

三、方案设计阶段

7月16日~8月2日整理现场调研阶段和随后通过网络、文献等搜集的资料，提炼出十八梯慢行系统的方案构思的大致框架。第一步，提出十八梯的慢行系统的总体布局和定位。第二步，提炼出十八梯的研究重点：人与人的活动；三步，设计考虑十八梯的四态（业态、生态、文态、形态），从细微处切入主题，紧扣设计的主要理念，再结合构思框架分解成一个个设计要点，最后转化为具体的图纸或文字。

四、成果编制阶段

8月3日~8月19日，根据竞赛要求确定排版方案，包括风格色调、内容组织、位置编排等，进行成果编制，同时根据此次规划设计理念、设计方法、设计内容等完成设计说明书的撰写。第一版内容包括：区域背景分析——场地特征分析——文化特征分析——现状问题分析——改造策略探讨；第二版内容包括：线谱形态调整——合理步道空间设计——完善步道停靠系统设计——优化步道环境设计；第三版内容包括：规划总平面图——总体效果表达，最后绘制相关图纸。

五、成果上交阶段

8月20日圆满完成三版所有内容和设计说明，打印、打包、邮寄。

**参赛者感言：**

通过参与"西部之光"大学生暑假规划设计竞赛，我们受益匪浅，这是对我们分析和解决问题的能力的考验，更是对我们坚持不懈、为目标努力奋斗的意志的考验。永远无法忘记，在这个炎热的暑假，有一群年轻的伙伴儿"坚强"克服校园基建带来的诸多不便，比如，停水停电、道路整改、食堂停供餐饮等带来的困难，大家齐心协力，共同努力，相互切磋，达成共识，为的只是心中那个美好的梦想——成功会属于我们。

"一千个读者，有一千个哈姆雷特"。有时因为意见不同争得面红耳赤，有时也会因为发现彼此默契而会意一笑……大家富有激情，意气风发，思维活跃，在无数次的头脑风暴洗礼中碰撞摩擦出了很多思想的火花，"脚尖下的五线谱"正是在这样一个充满创新、活力与智慧的氛围中产生的。这样成功的合作与共赢也让我们深刻感受到团队协作的重要和力量。毋庸置疑，良好的团队精神是此次获奖的关键，离开了我们中的任何一位成员，这个方案都是无法完成的。这样的启示对我们以后参与规划设计工作也具有巨大的帮助。

我们非常享受这个集思广益的过程，其中有苦、有甜、有泪水，也有汗水。我们相信"天道酬勤"，也为此次获奖而深感荣幸。未来的路还长，属于我们的人生才刚刚拉开帷幕，这次参赛经历给了我们每一个人非常深刻的印象，它会一直激励我们在成长的路上追求卓越，勇敢坚定地前行。

我们无法忘记重大培训期间老师们寄予的殷殷期望，无法忘记渝中半岛那片厚重的热土和一个个朴实的身影，无法忘记指导老师们的辛勤与敬业，更无法忘记来自于学会、专指委重大和其他参赛学校的同仁们给予的无形支持与鼓舞……

感谢中国城市规划学会、高等学校城乡规划学科专业指导委员会和重庆大学建筑城规学院老师们的精心指导！

感谢杨靖老师和谢文海老师充满耐心和理解的教诲！

# "脚尖下的五线谱" —— 十八梯慢行系统规划设计

## 区域背景分析

重庆是中国的第四个直辖市，是西部最具影响力的特大城市，具有区位、市场等众多优势。山地城市重庆自古就有"上下半城"之分，"下半城"地区曾经作为老重庆政治、经济和文化中心，蕴涵了丰富的自然景观和人文景观，历史的遗存真实地反映重庆城市历史发展的脉络，是传统山地城市集体记忆的场所。

渝中区地处长江和嘉陵江的交汇处，东南北三面环水，是重庆发展的发祥地。现已成为重庆最繁华的地区。此次设计地块位于下半城，与重庆CBD仅一街之隔，具有良好的区位优势，CBD的带动作用也将给位于地块内的十八梯的发展带来契机！

"十八梯"，重庆曾经最繁荣，最具活力的地区之一，如今却被对面的城市经济发动机CBD遗忘一隅。

## 场地特征分析

此次设计主要是针对地块内慢行交通系统，在场地内建设步行交通系统有得天独厚的优势：首先，传统城市肌理留下的丰富街巷系统以及丰富的民俗活动；其二，丰富的高低变化的地形特征；其三，步行在重庆是符合居民传统生活习惯的出行方式；其四，多元的历史文化遗产增加了步行的吸引力。

丰富的街巷系统

历史文化遗存

高低变化的地形特征

传统民俗活动

十八梯剖面示意图

老城的步道就同一条条五线谱，步道上的行道树、中央绿带、娱乐设施等组成了线，而线与线之间则是步道上人群活动的空间，老城里的街巷将如同潺潺小溪，奔流不息！老城里的慢行系统也将成为能有效支持低碳生活方式的重要载体，成为适于市民慢行并共享城市愉悦生活的空间窗口！

有步道构成的山城结构体系

地块沿弯曲而富有变化的步行空间生长而来，在生长过程中又衍生出山城步道，山城步道作为该地块主要的交通，方便人们出行，是场地的最主要的特征。通过步道来控制用地的完整性，保持整个地块内肌理的完整。

地块中的传统街巷格局、民俗文化，珍贵且具有保护价值，它们依附于高低变化的步行空间留存。

调研分析专项奖

## 文化特征分析

每个"现代化"城市背后都藏着一条历史悠久的老街，找到他们就找到了城市的"根"。十八梯就是老重庆的缩影。地块内十八梯周围存在的修脚、理发、摆地摊、做木工等市井文化和民俗传统文化重现了巴渝传统文化技艺。

## 现状问题分析

A 街巷空间狭窄，建筑防火间距不足
B 街巷环境卫生脏、乱、差
C 缺少市游客休闲游憩的场所设施
D 街巷缺少绿化，景观效果较差
E 破旧残败的建筑和街巷格局
F 街巷格局缺乏导向性

地块内活力呈下降趋势，居民生活低档化，步行空间有待改善，地块内活力有待恢复。

综上所述：
设计地块内的传统街巷格局、民俗文化，是山城重庆的"根"，是老重庆的缩影，在其城市化的区域背景中显得极为珍贵而有保护价值。在现代城市发展过程中旧城活力下降的问题难以回避，设计地块内步行环境差，居民生活低档化，在这样情况下，必须采取有效措施恢复地块内活力，增加地块的吸引力以及步行系统的愉悦性。
设计目标：
通过改善地块内步行空间，优化慢行系统结构，恢复地块内的活力，提升其愉悦性。

## 改造策略探讨

| 简单的道路改造 对部分存在问题的道路进行简单的修补，清除摊贩，政府财政支持。 | 与城市隔离，生活成本提高增加政府财政负担。 | 衰落 |
| 重新开发 对场地进行大刀阔斧的改造，全部拆除重新建区。 | 场地将失去原有老重庆的味道，部分街巷的历史文化特色难以保留。居民还迁问题难以解决。 | 衰落 |
| 积极更新 对步行空间进行更新改造，改善地块内步行环境。 | 优化了地块内慢行系统结构，恢复地块活力，使当地居民更愉悦的生活。 | 复兴 |

探索方法：

十八梯区域的发展过程是沿步行空间生长起来的，它以山城步道为主要交通方式，辅之以相应的公共交通系统等交通方式。其丰富的高低变化的地形特征使步道别具特色，给行走在其中的人们带来愉悦的体验。而步行空间里的愉悦性是山城步道价值的体现，因此我们对场地步行空间的保护更应适应场地特征。
对步行空间保护及改造是一种结构性策略，它通过步行要素来控制整体空间结构并保持用地完整性。

步行空间构成要素：

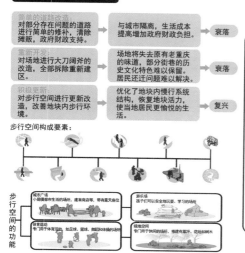

步行空间的功能

城市广场 小尺度城市生活的场所，建有商店等，带有露天座位

游乐场 带给他们可以安全玩耍、学习的场所。

体育运动 专门调节身体活动，如足球、篮球、舞蹈和球类等所需场所。

绿地公园 专门用于休闲的场所，修建有草坪、花坛和树木。

| | 合理设计步道空间 | 步行、停靠系统设计 | 优化步行环境 |
|---|---|---|---|
| 现状问题 | 1、沿步行界面空间断裂 2、破败危险的临街建筑 3、沿步行界面空间过于狭窄、阻碍步行 | 1、步行进行分级比较混乱。 2、部分步行道路路面破败。 3、部分路段缺乏相应的停车空间。 | 1、街道空间绿化不足 2、街道空间绿化缺乏连续性 3、街道空间绿化太过单调 |
| 解决策略 | 1、加强临街界面的连续 2、整治破败建筑 保护具有价值的建筑 3、疏通步行道 | 1、将步道进行分级、划分。 2、对一些破败的步行路面及时更新修整。 3、在部分路段设置相应的停车空间 | 1、整治卫生环境 2、营建新的公共空间 3、增加绿化，美化空间环境 |
| 理想状态示意 | 对步行系统相关街道空间的构建使其街道空间达到一种令人舒适愉悦的合理空间。 | 将新技术与传统相结合合满足人们的使用要求。 | 在低碳生态理念引导下，运用新技术使公共娱乐设施节能，将新技术与传统相结合合满足人们的使用要求。 |

# "脚尖下的五线谱" ——十八梯慢行系统规划设计

调研分析专项奖

## 线谱系统形态的调整思路

**现状线谱要素**
场地内的线谱要素包括现状的车行交通、街、巷等是五线谱结构的元素，但分布无序和功能混乱的现状使十八梯活力下降，所以要提升整体活力。
step1

**提取线谱要素**
对场地内的线谱要素进行综合分析，将杂乱的街巷进行梳理，提取场地内有利的要素，并且将提取的要素进行改善，增加线谱的愉悦性。
step2

**调整线谱要素**
对场地的原始肌理进行梳理，为了加强场地的竖向联系，运用竖向廊道结合步道来改善，结合发展要求适当调整街巷空间尺度，植入新的公共空间。
step3

## 合理设计步行道路空间

现状步道

场地的现状步行空间被机动车占用，行人行走不是很方便，对于弱势群体的注视缺少关，整体步行空间尺度不是很适宜。

现状步行空间 → 改造后步行空间

改造后的步道空间，重新规划了盲道，重新对空间进行了设计，是人行走时能感到愉悦。

**运用阴角空间策略**
运用阴角空间手法会使人产生温暖的感觉，使人在其中行走有愉悦感。

### 步道空间改造策略

过程一：确定影响步道空间的建筑
过程二：改造建筑围合步道空间
过程三：植入步道景观

十八梯当前步道空间形态不利于形成一种愉悦性的步行空间，现状一部分建筑破败，并且不利于形成连续界面，需要进行拆除。

在十八梯步道空间，主要是当地居民的一些活动，建筑围合步道空间使人有一种亲切感，对其进行改造设计能提升当地居民的生活品质。

在现状的环境中绿化率比较低，应该植入使人感到亲切的植物来提升整体环境。

### 步行街道立面设计

主步道 8m7m8m　次步道 8m3m8m　支步道 8m2m5m8m

### 沿街业态调整

现状沿街功能单一，以居住为主，兼有少量商业和办公，活力不够，需要调整。

调整后的沿街业态植入新功能提高当地居民的就业率与收入，把步行交通串联场地，沿步道进行商业、旅游、文化产业的开发，从整体提升居民生活品质。

## 完善步行、停靠系统设计

现状车场

场地内现状停车设施比较破败，环境质量较差，并且场地内停车设施缺少，需要进行更新设计。

规划车场

对停车设施进行改造，优化场地周边环境，更新其停车设施，并且增加场地内的停车位，方便居民使用。

### 步行系统设计

现状的步行系统以十八梯的步道为主，下半部以车行交通为主，现状步行系统主次不明，有许多断头路，可达性不够，步行环境需改善。

规划后的步行系统，加强上下部分的竖向联系，提高整体的步行环境，将场地的车行交通进行了调整，并设立公交专用车道，方便当地的居民。

### 停靠系统设计

现状场地的停靠系统比较混乱，缺少集中的停车场，许多车辆停靠在人行道上，阻断了步行系统的连续性，应进行整体规划。

规划的停靠系统，增加了集中的停车场，并设立公交站点，方便了当地的居民，提升整体步行系统的连续性。

## 优化步行环境设计

改造前的环境

场地内现状步行环境缺少照明设施，铺装缺少可识别性，还有缺少一些城市家具，所以要更新其设施，场地绿化需要提高，应植入绿色植物。

改造后的环境

改造后的步行环境，应提高其绿化率，增加城市家具，铺装需更新，以表达其识别性，同时为当地居民提供娱乐休憩场所。

### 沿步道活动分布

现状活动主要分三类：1.生计与生活：摆地摊、做木工、理发等，2.娱乐与休息：做茶馆、修脚、散步等，3.背后故事：吸毒、乞讨等。

活动的调整，将一些不利的活动去除，对原来活动进行了调整，对活动场所进行了调整，以增加场地的活力。

未来活动主要分布：1.传统临街商业：做木工、理发、开诊所等，2.文化宣传：历史文化馆等，3.休息与娱乐：做茶馆、修脚等，4.引入外来活动：旅游等。

### 沿步道活力分布

活力分布主要进行沿线人流集散调整，在原有活力点上进行调整，增加其圈级，新增了几个活力圈级，使其能够活力升级。

### 照明设施

现状照明设施落后并且缺少。
良好照明对与夜晚安全性和方向性非常重要的。

### 铺装
现状铺装设施混乱少并无标识性。
使用同样的铺装使得铺装路更加便利，也更能辨别认。

### 城市家具

现状城市家具缺少并且陈旧。
类似款式的城市家具可以让道路美加整齐一同时也可以提供休息、娱乐的地方。

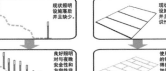
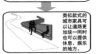

### 标识

现状缺少标识系统不能方便市民。
通过铺装、地图等方式提供导向信息指引，便于道路导航。

### 步道场景

# "脚尖下的五线谱"——十八梯慢行系统规划设计

## 规划总平面图

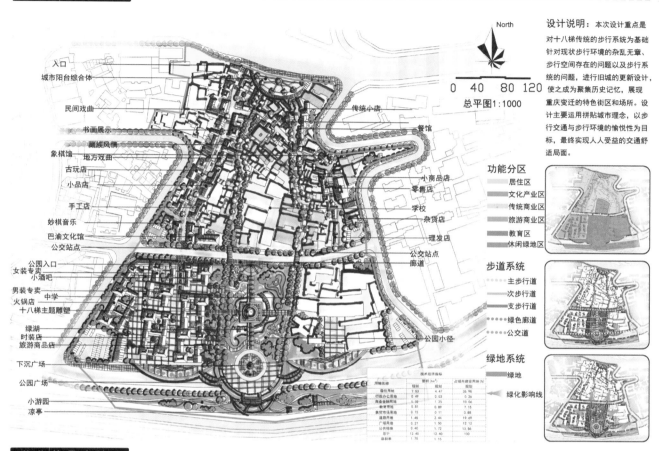

North

0　40　80　120

总平图1:1000

入口
城市阳台综合体
民间戏曲
书画展示
藏族风情
象棋馆　地方戏曲
古玩店
小品店
手工店
妙棋音乐
巴渝文化馆
公交站点
公园入口
女装专卖
小酒吧
男装专卖
火锅店
十八梯主题雕塑
绿湖
时装店
旅游商品店
下沉广场
公园广场
小游园
凉亭

传统小店
餐馆

小商品店
零售店
学校
杂货店
理发店
公交站点
廊道

公园小径

**设计说明：** 本次设计重点是对十八梯传统的步行系统为基础针对现状步行环境的杂乱无章、步行空间存在的问题以及步行系统的问题，进行旧城的更新设计，使之成为聚集历史记忆，展现重庆变迁的特色街区和场所。设计主要运用拼贴城市理念，以步行交通与步行环境的愉悦性为目标，最终实现人人受益的交通舒适局面。

**功能分区**
居住区
文化产业区
传统商业区
旅游商业区
教育区
休闲绿地区

**步道系统**
主步行道
次步行道
步步行道
绿色廊道
公交道

**绿地系统**
绿地
绿化影响线

调研分析专项奖

## 总体效果表达

场地建筑
＋
场地绿化
＋
场地交通
→

城市阳台

场景

公园鸟瞰图

居部鸟瞰图

十八梯南北向剖面图

# 精气神——重庆市渝中区慢行交通系统概念性规划设计

**兰州理工大学**

**指导教师** 戴海雁 李鸿飞　　**组员** 周国华 李玉芳 米登兴 曹雪

**设计工作情况说明：**

非常荣幸能够参与本次设计竞赛。几乎是整个假期，大二、大三的我们参与到设计竞赛中。本小组的设计工作的整体情况从调研开始到最终出成果的全部过程大致可分为四个主要阶段：项目调研与资料共享、初步概念性设计、小组成员分步设计、设计汇总及出最终成果。

一、现状调研

本组组员前往重庆市参与对渝中半岛天门东线的深入调研。在中国城市规划学会（以下简称学会）和高等学校城乡规划学科专业指导委员会（以下简称专指委）组织的集体调研中重点调研了十八梯、解放路、白象街、望龙门，并就调研认知与兄弟院校的同学们进行了交流，得到了老师们的中肯意见。此外，我们在集体学习结束后又进行了补充调研，对当地的气候条件、地貌特征、人文环境、历史背景、经济状况、建筑现状、街道肌理等做了进一步的认知。我们回到兰州后开始系统总结调研成果，回校后和规划系全体师生开展了交流。

二、初步概念性设计

通过对调研资料的深入学习与分析，本小组确定了设计的研究范围，将研究分为多层次展开：宏观的重庆市、中观的渝中半岛、微观的设计地段。设计构思基于城市慢生活，制定了慢行交通系统的五大设计策略：1. 土地利用与慢行交通系统的互动：功能结构规划、土地利用规划和土地使用分区策略；2. 公交系统与慢行交通系统的联系：轨道交通和常规交通；3. 非赢利性公共服务设施与慢行交通系统的结合：规划用慢行交通系统网络串联非赢利性公共服务设施，提高非赢利性公共服务设施的可达性；4. 游憩系统与慢行交通系统的叠加：点线面结合的方式组织游憩系统和慢行交通系统；5. 慢行交通系统的改善：安全性、愉悦性、连续性。

三、深化设计

小组成员深化设计方案，并依据个人的自身条件以及对现状的不同认知做了设计工作的分工，这些设计工作大致包括现状分析、概念设计、分系统设计等几个部分。小组成员的工作主要采取了互相激发，协同设计的方式展开，以求各部分能够协调进行。

四、设计成果汇总及出图

在小组成员将各部分设计工作处理完善后，大家将自己的设计成果汇总到一起协调各部分成果、对初步成果进行修改、排版。在确认修改完成后小组成员怀着激动地心情做了最后成图的打印并将设计成果邮寄到竞赛举办方。

**指导教师评语：**

有一本故事书说忙碌的日子里时间窃贼灰先生是无处不在的，灰先生们四处窃取他人的时间以换取自己的生存。"他们用谎言骗人们拼命节省时间，省去与亲人、朋友、恋人相处沟通的时间，省去人与人之间表达温情的一切步骤，使人们在追求效率、节省时间的观念中生活得冷冰冰而百无聊赖。毛毛是个让灰先生十分头疼的孩子，她让人们意识到灰先生的存在，而一旦意识到这个事实，人们就可能冲破灰先生的骗局，有机会重新回到幸福的慢生活。"规划师就像是毛毛这个从不循规蹈矩的孩子，我们想用慢行交通系统帮助大家重新记起渐渐淡忘的慢生活。要感谢学会、专指委和重庆大学给了我们四个毛毛一般的学生和毛毛老师与灰先生展开战斗的机会。设计过程中，毛毛们试图建立一套基于慢生活的、以城市慢行交通系统为纽带的城市慢行空间系统，并且设想以改善慢行交通系统为切入点，给人们记起慢生活意义的机会，从而打通城市慢生活脉络，使山地城市的气脉相通，体现城市精气神。整体设计的调查分析采取了多样化的、适合该课题的研究方法，观念设计部分思路较为开阔，设计策略较为系统、综合，为我们描绘了一个有丰富体验内容的慢生活空间系统，总体是个让灰先生头疼的设计方案。

**参赛者感言：**

认真地去做一件事真的很开心！现在回想暑假的点点滴滴，那些日子倒成了我们最充实的回忆。我想，不管以后做什么，那段时光都是我值得炫耀的日子。有些东西，只有自己亲身去体验了，你才会知道它的珍贵，它的唯美，它的无与伦比……

其实，刚开始，每个人都是抱着忐忑的心理去参赛的，尤其是对于没去过重庆的同学，那里的一切我们一无所知，唯一的信息来源是同学拍来的照片和网络资料，一遍一遍地看照片，看资料，整个渝中半岛下半城给我们的印象是——脏、乱、差……随着竞赛的推进，我们对于渝中半岛下半城的了解也进一步深入。喜欢十八梯长满青苔的石阶，喜欢十八梯夕阳西下的枯藤老树，喜欢十八梯人们惬意的生活方式。他就像一位闭目养神的慈祥老人，与繁华热闹的解放碑对峙着，看着它的此起彼落，依旧"我行我素"，似乎知道自己要的是什么……

感谢"西部之光"给我们的这次实践机会，感谢这个假期为我们默默付出的老师，谢谢您对我们的耐心指导，在那个炎热的暑假陪我们一起熬过，教给我们太多太多……感谢这个团队的所有成员，我们的精诚所至，终会金石为开！还有谢谢我们的城规路……

# 重庆市渝中区慢行交通系统概念性规划设计 1

## ——天门东线地块

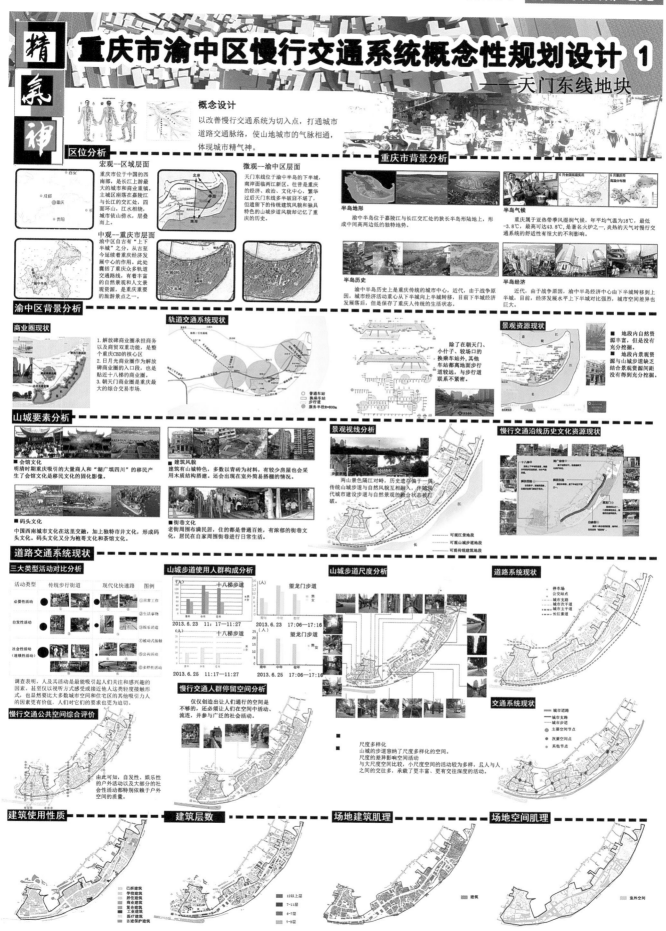

**概念设计**

以改善慢行交通系统为切入点,打通城市道路交通脉络,使山地城市的气脉相通,体现城市精气神。

### 区位分析

**宏观——区域层面**

重庆市位于中国的西南部,是长江上游最大的城市和商业重镇。主城区座落在嘉陵江与长江的交汇处,四面环山,江水相绕,城市依山傍水,层叠而上。

**中观——重庆市层面**

渝中区自古有"上下半城"之分,从古至今延续着重庆经济发展中心的作用,此处也囊括了重庆众多轨道交通路线,有着丰富的自然景观和人文景观资源,是重庆重要的旅游景点之一。

**微观——渝中区层面**

天门东线位于渝中半岛上城,南岸面临两江新区。住昔是重庆的经济、政治、文化中心,繁华过后天门东线曾乎破败凋不堪了,但遗留下的传统建筑风貌和独具特色的山城步道风貌却记忆了重庆的历史。

### 重庆市背景分析

**半岛地形**

渝中半岛位于嘉陵江与长江交汇处的狭长半岛形陆地上,形成中间高两边低的独特地势。

**半岛气候**

重庆属于亚热带季风湿润气候,年平均气温为18℃,最低-3.8℃,最高可达43.8℃,是著名火炉之一,炎热的天气对慢行交通系统的舒适性有很大的不利影响。

**半岛历史**

渝中半岛历史上是重庆传统的城市中心,近代,由于战争原因,城市经济活动重心从下半城向上半城转移,目前下半城经济发展落后,但是保存了重庆人传统的生活状态。

**半岛经济**

近代,由于战争原因,渝中半岛经济中心由下半城转移到上半城,目前,经济发展水平上半城对比强烈,城市空间差异也巨大。

### 渝中区背景分析

**商业圈现状**

1. 解放碑商业圈承担商务以及商贸双重功能,是整个重庆CBD的核心区
2. 日月光商业圈作为解放碑商业圈的入口段,但是贴近十八梯的商业圈。
3. 朝天门商业圈是重庆最大的综合交易市场.

**轨道交通系统现状**

除了在朝天门、小什子、较场口的换乘车站外,其他车站都离地面步行道较远,与步行道联系不紧密。

**景观资源现状**

■ 地段内自然资源丰富,但是没有充分挖掘。
■ 地段内景观资源与山城步道缺乏结合景观资源间距没有得到充分挖掘。

### 山城要素分析

■ **会馆文化**
明清时期重庆吸引的大量商人和"湖广填四川"的移民产生了会馆文化是移民文化的固化影像。

■ **码头文化**
中国西南城市文化在这里交融,加上独特市井文化,形成码头文化。码头文化又分为袍哥文化和茶馆文化。

■ **建筑风貌**
建筑有山城特色,多数以青砖为材料,有较少房屋也会用木质结构搭建。还会出现在室内简易搭棚的情况。

■ **街巷文化**
老街周围布满居民,住的都是普通百姓,有浓郁的街巷文化,居民在自家周围街巷进行日常生活。

**景观视线分析**

两山景色隔江对峙,历史遗存偏于一偶传统山城步道与自然风貌互相融入,并随着现代城市建设步道与自然景观的融合状态被打装。

--- 可观江景地段
--- 可观山城地段
--- 可观传统地段

**慢行交通沿线历史文化资源现状**

### 道路交通系统现状

**三大类型活动对比分析**

| 活动类型 | 传统步行街道 | 现代化快速路 | 图例 |
|---|---|---|---|
| 必要性活动 | ● | ● | ①日常工作 |
| 自发性活动 | ● | ● | ②生活事物 |
| | | | ③校车购物 |
| 社会性活动（连锁性活动） | ● | ● | ④被动式接触 |
| | | | ⑤公共活动 |
| | | | ⑥多样性活动 |

调查表明,人及其活动是最能吸引人们关注和感兴趣的因素,甚至仅以视听方式感受或接近他人这类较次接触形式,也比要比其大多数城市空间和住宅区的其他吸引力人的因素更有价值。人们对它们的要求也更为迫切。

**慢行交通公共空间综合评价**

由此可知,自发性、娱乐性的户外活动以及大部分的社会性活动特别依赖于户外空间的质量。

**山城步道使用人群构成分析**

十八梯步道
2013.6.23　11：11—11：27

望龙门步道
2013.6.23　17：06—17：16

十八梯步道
2013.6.25　11：17—11：27

望龙门步道
2013.6.25　17：06—17：16

**慢行交通人群停留空间分析**

仅仅创造出让人们通行的空间是不够的,还必须让人们在空间中活动、流连,并参与广泛的社会活动。

**山城步道尺度分析**

**尺度多样化**
山城的步道容纳了尺度多样化的空间。
尺度的差异影响空间活动
与大尺度空间比较,小尺度空间的活动较为多样,且人与人之间的交往,承载了更丰富、更有交往深度的活动。

**道路系统现状**

停车场
公交站点
城市支路
城市次干道
城市主干道
长江索道

**交通系统现状**

—— 城市道路
—— 城市支路
—— 城市步道
● 主要空间节点
● 次要空间节点
● 其他节点

### 建筑使用性质

已拆建筑
学校建筑
居住建筑
商业建筑
复合建筑
工业建筑
医疗建筑
古迹保护建筑

### 建筑层数

12以上层
7—11层
4—7层
1—3层

### 场地建筑肌理

建筑

### 场地空间肌理

室外空间

# 重庆市渝中区慢行交通系统概念性规划设计 ②
## ——天门东线地块

精气神

### 六大核心议题

**A区域整合**
——加强区域整合 强化地区中心
渝中半岛为重庆市传统的旧城区，位于重庆城区的中心位置，具有整合周边城市的有利条件，可加强与周边区域的联系，强化上下半岛联系，促进渝中区与周边区域发展协作。

**B功能整合**
——完善产业体系，发展服务功能
以上半城金融商业为基础，整合资源，提升半岛上半城商务功能，充实、完善下半城产业类型，增加就业岗位，逐步延伸产业链条构建渝中半岛独特的产业发展模式。

**C空间组合**
——网络有机集合，空间有序发展
通过集约化、功能融合的土地利用方式，进行复合开发，结合资源联接条件构建有山城特色的城市空间，形成优美的天际轮廓线。

**D交通体系**
——多元交通综合 完善交通体系
在系统梳理渝中区现有交通系统的基础上，着重改善轨道交通、常规公交与慢行交通的联系，梳理慢行交通通道，保留并提升山城步道特色，使慢行交通系统实现融合并整合于整个交通体系中，形成系统化、网络化、生态化、人文化的山城特色交通。

**E生态网络**
——构建生态网络，体现山江特色
渝中半岛依山傍水、山江共融的自然景观，规划区自然、优美，为构建半岛城市安全格局，加强了自然景观与城景观的协调，保护了自然生态系统的完整性。

**F文化提升**
——彰显文化特色，营造个性空间
依托十八梯、白象街、湖北巷等丰富的历史资源，充分挖掘渝中半岛历史文化内涵，植入新的产业，完善保留传统特色的人文氛围。

### 留人 → 如何做？ → 空间策略

**如何做？五大空间策略**
- 土地利用与慢行交通系统的互动
- 公交系统与慢行交通系统的整合
- 非盈利性公共服务设施与慢行交通系统的叠加
- 游憩系统与慢行交通系统的结合
- 慢行交通系统的改善

---

## 1、土地利用与慢行交通系统的互动

**功能结构规划**

1、增加土地利用类型，促进功能混合，以促进人群的多样化、短距离出行的比例，以增加慢行交通比例。

2、协调历史街区保护与城市空间需求需要：基于大溪沟城市空间的客观要求及保护历史街区区的针对不同地段采用土地利用的需要标准，在西正显立交大片地区，如凯旋门地段、新滩大豐可综合建设的需求；而在十八梯、湖北门地段延续城市的优势和需要，以保护历史街区。

**土地利用规划**

**引导策略分区规划**

根据现状情况及土地使用规划构想，未来规划形成确定四类引导政策分区：
- 禁止一般建设引导区
- 功能置换政策引导区
- 一般建设引导区
- 重点建设引导区

---

## 2、公交系统与慢行交通系统的整合

**上下半城交通整合策略规划图**

- 通过地下空间直接联系轨道交通与高程较低的下半城。
- 增加下半城慢行交通系统与轨道交通站口的联系的数量，改善出站口周边环境，增加公共服务设施。
- 设置引导标识。
- 地下步道空间向十八梯历史街区，可以促进十八梯经济的发展，从而推动下半城经济的发展。

联系上半城
联系下半城

**轨道交通**：增加轨道交通通向下半城的站点，增加轨道交通系统与慢行交通系统的联系。

**常规公交**：改善常规公交，增加公交线路密度，调整部分公交站点位置，来改善慢行交通系统与公交系统的直接联系。

## 3、非盈利性公共服务设施与慢行交通系统的叠加

**连续的日常重要设施**

- 教育设施
- 文化设施
- 医疗设施
- 老年设施
- 500米服务半径
- 慢行交通线路
- 功能片区

慢行交通系统占交通出行比例很高，覆盖人群广、经济代价低、弱势群体使用多。非盈利性公共服务设施的使用具有以上特点，两个系统需要结合起来考虑。

规划用慢行交通系统网络串联非盈利性公共服务设施，提高非盈利性公共服务设施的可达性，非盈利性公共服务设施围绕慢行交通的网络化覆盖，提高慢行交通系统的服务功能，增加慢行交通的吸引力。
- 迎接老龄化社会，增加养老院、老年活动中心、社区医疗服务机构的数量。
- 增加学校位社区之间的慢行交通系统，提高学生上下学的安全性。
- 围绕不同规模的社区配置不同等级的文体休闲设施，如篮球场、门球场等。

## 4、游憩系统与慢行交通系统的结合

打通下半城与长江的空间景观联系：
点——线——面结合
全长约5000m
步行速度：60m/min
5min的步行300m
4个景观片区

- 主要观景点
- 藏景线路

游憩系统将自然人文景观资源和慢行空间和景观环境结合起来，提升慢行交通系统的景观环境质量与人文内涵，提高慢行交通系统的吸引力。

点结合自然的方式结合游憩系统和慢行交通系统

在串联自然人文景观点基础上，结合有效的步行距离，以60m/min的步行速度计算5min的步行距离约300m。以作为景观点之间的控制距离。理论步行指标为：实现慢步是最可行的，景观点之间的慢行交通通道应保证通畅。

结合点状的游憩资源打通下半城，形成富有活力的景观休闲风貌——十八梯线路或城风貌。白象街凯旋国国巷风貌与凯旋路现代城风貌，白象街凯旋国国巷风貌与人文化空间，塑造有特色的景观结合慢行交通通道。

---

## 5、慢行交通系统的改善

### 舒适性

**丰富街道功能**

重庆冬季多雾大雾天气，温暖的慢行交通空间吸引了大量的活动人群，是外魅动场所，是提升慢行交通系统的吸引力在下降，规划慢道宜采用的气候条件下通过改善局部小气候条件来提升慢行的吸引力。主要措施包括：增加建筑的乔木、开辟地下空间作为公共慢行活动场所。

### 连续性

**步行系统规划**

加强南北步行交通的联系，打通东西向步行交通。

**十八梯地段**

打通

**创造活动多样性**

- 增加公共休息座椅
- 增加扶手
- 行为活动意识

### 安全性

渝中半岛下半城是重庆的旧城区，下半城发展落后，社会治安差，道路交通混乱，慢行交通缺乏安全性。规划从社会治安、交通安全两方面提出加强安全性的策略。

- **社会治安**：（1）加强社会管理。
  （2）完善公共服务设施，增加慢行交通空间的活力。
- **交通安全**：（1）政策，制定一个自行车优先政策。
  （2）物质空间建设方面，打通或新建线路增加慢行交通的线路的覆盖密度，建立自行车专用道、同城步行优先区。处理好道路交叉矛盾，保证行人过马路安全，建立系统的交通指示标识完善交通设施，如：扶手、路面材料、路灯，交通安全岛，建立系统的无障碍设施。

**凯旋路地段**

增加自行车专用道
步行道 非机动车行道 机动车行道
增加非机动车道与空中步道结合，拓展适合非机动车通行的、同高程线路长度，发展非机动车交通。

打通

**望龙门地段**

现状　增加

# 重庆市渝中区慢行交通系统概念性规划设计 ❸
## ——天门东线地块

精 气 神

**索道二与三**

**索道四与五**

在规划的凯旋路地段设计4部索道，索道二、三连接北部的公交车站与高程较低的南部区域地面；索道四、五从规划地块内部延伸到凯旋路，4条索道补充完善竖向交通联系，慢行交通。

多个星球的娇厢由索道串联，白天开放空间，夜晚在夜空中移动，就如天空中的星星。

**缆车**

**索道一**

**索道、缆车概念设计**

恢复望龙门原建于码头的缆车，线路加以现代网络化的改造，缆车不仅连接了码头与上半城，更为望龙门附近的居民出行带来便利。

增加连接十八梯片区与长江滨江公园的索道，娇厢设计风格得受的动漫形象龙猫，吸引更多行人，打开了老十八梯的封闭环境。

---

## 设施核与空中步道概念设计

规划结合渝中半岛山地特色与立体化的城市空间，赋予了新的慢行交通网络——城市空中步道。用空中步道联系城市公交线路与同一高程的建筑内部空间，延伸同一水平面的慢行交通线路长度，用慢行交通系统刺激较高层散的建筑空间的经济价值提升，用高层建筑之间的社会交往空间流线。

按照空中步道的不同高程建立起4个不同功能混合的综合体——设施核，赋予两种功能——非盈利性公共服务设施与盈利性公共服务设施。

**慢行交通系统与城市空间立体化结合**

设施核具备两种功能：非盈利性、盈利性公共服务设施。

用非盈利性公共服务设施提高社区层面的生活环境品质。

用盈利性公共服务设施提供给城市层面多样化的公共生活。

用设施核增加慢行交通线路沿线的活动类型，用慢行交通线路提高服务设施的可达性。

**设施核功能解析**

通勤者 → 走捷径

散步者 → 信步其中

游客 → 停留观景

出行目的的差异会导致步行轨迹、步行速度、步行空间模式的差异。

**不同出行目的的步行轨迹**

根据步行轨迹的差异，设计不同的步道空间模式，满足不同的出行目的的空间需求。

**步道空间设计模式**

**空中步道与建筑内部的平面组合形式**

**空中步道示意图**

**空中步道与道路、建筑的竖向衔接模式**

南北向剖面图

东西向剖面图

南北向剖面图

---

## 凯旋门地段空间功能概念设计

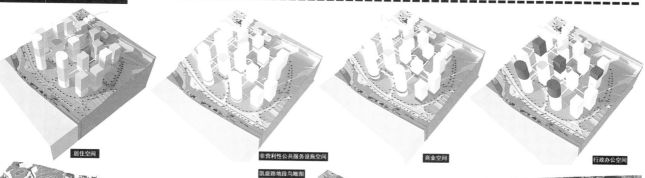

**居住空间**

**非营利性公共服务设施空间**

**商业空间**

**行政办公空间**

**凯旋路地段鸟瞰图**

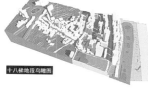

**十八梯地段鸟瞰图**

凯旋路地段是联系上下半城以及观长江景色的重要地段，考虑城市公共空间需求与周边片区的历史街区保护，将凯旋路地段发展成为高建设强度的城市中央商务区的延伸地段。

规划保留凯旋路步道与电梯，赋予新的慢行交通网络——城市空中步道，用空中步道联系城市公交线路与同一高程的建筑内部空间，扩展同一高程的慢行交通线路长度，同时注入新的功能，与解碑商业区形成和互促进的关系，此外高层建筑通过空中步道相互连接，并将该区域打造成一个由空中步道的商业经济区。

**西立面图**

**城市空间立体化发展**

**北立面图**

**南立面图**

在渝中区土地资源紧缺的背景下，为了提供更多的城市公共空间和保护建设度较低的历史街区，将平面化、粗放型土地利用模式转变为立体化、集约型土地利用模式。凯旋路地段是联系上下半城以及可观长江景色的重要地段，现状建筑密集度较大，规划将凯旋路地段发展成为高建设强度的城市中央高强度的城市中央商务区的延伸区域，与解放碑商业区形成和互促进的关系。此外，高层建筑通过空中步道与其他高层建筑和步行高程的城市道路相联系，形成一个由空中步道联系的商务综合体。

**东立面图**

**总平面图**

0　50m 100m　200m

N

长江

A 海棠烟雨
B 望龙门缆车
C 望龙门古街
D 望龙门码头
E 白象广场
F 凯旋门CBD
G 凯旋门索道
H 空中步道
I 地面步道
J 十八梯古街
K 民俗博物馆
L 创意工厂
M 城市阳台
N 东水门城楼
O 东水门商业街

# 漫步·城市氧吧

**重庆大学**

**指导教师** 邢忠 赵珂 叶林　　**组员** 冯矛 吴璐 詹东景 张绍华

**指导教师** 邢忠 赵珂 叶林　　**组员** 冯矛 吴璐 詹东景 张绍华

**设计工作情况说明：**

1. 前期调研阶段：在场地实地考察之前，我们四人先从宏观角度，一同研究了重庆上下半城区的交通系统、绿地系统及场地的可达性等，定出重点需要考察的场地本身及上下半城重要的历史文化节点，并策划了路线。在实际调研时，以两人一组，分路线和重点调研，同时以摄像、录影等方式记录下重要节点，记住实际和图纸有出入的部分；调研结束后，先对资料整理分析，再各自整理自己的思路，为下一步分析做准备。

2. 前期分析阶段：分析阶段是整个设计阶段最重要也是最困难的一个阶段。在这个阶段中每个人都有自己的看法和意见，因此如何抓重点、协调想法十分重要。在这个阶段中，我们每个人先提出整理后的想法，然后大家相互交流。几次讨论后，大家一起得出了两个主要想法：①站在区域的角度，考虑到解放碑在重庆的特殊性及场地和解放碑邻近的关系、场地自身的特点，将场地作为解放碑的"后花园"来考虑；②站在人的角度，充分发挥场地的历史文化特性，为穿梭在里面的人提供"蒙太奇"的感觉，使人们走在这块场地里能够产生一种场景切换的感觉。

3. 概念生成阶段：基于上面的两个想法，我们与三位指导老师进行了多次讨论，主要是两个问题：①两个想法中哪个想法更切题，更值得进一步深化；②如何将想法转变为一个好的概念。经过老师的指导及不断的实践，最终我们选择了第一个想法，并对此想法做了进一步的深化——场地并非是为解放碑"服务"的单纯关系，两者应成为相互"服务"的关系，因此提出了"氧吧"这个概念，即解放碑作为场地发展的"氧吧"，而场地作为解放碑娱乐休闲的"氧吧"。在这个理念下，我们结合场地特点，提出了"生态氧吧"、"文化氧吧"、"生活氧吧"的三个"氧吧"概念。

4. 成果制作阶段：成果制作过程是最痛苦但也是最有成就感的时候，因为我们的想法慢慢变成了实在的图纸呈现出来。在成果初期，我们一起重新梳理了思路，再以两人为一单位完成了方案总体的平面 CAD 绘制和 SU 模型制作。在此基础上，确定图纸叙述流程及排版，第一张图纸叙述前期分析及概念构思、第二张图纸表达总体方案、第三张表达方案细节部分。在分工上，以三人均分三张图、一人完成总平和鸟瞰等透视的绘制。在绘制的过程中，我们也经常相互交流和监督，保证每张图的质量。

**指导教师评语：**

规划设计基址位处重庆中心城区的核心地带，项目定位挣扎于城市核心区高强度开发不传统空间保护的利益博弈边缘，站立于开发不保护、现代不传统等矛盾前沿。经济利益至上的地产开发列车呼啸而过，碾碎的不只是文物古迹和参天古树，还有儿时记忆的空间、混凝土森林中的绿洲和我们今天渴望的生活方式。

方案立意由此产生：在高强度开发、快节奏生活和非人性尺度空间的城市中心区，为城市和生活于此的人们保留和提供一处透气的场所：生态氧吧、文化氧吧和生活氧吧。

山城步道、步行活动、人体尺度主导着整个方案空间脉络。生态氧吧意在保留和营造城市绿图，场地内原生庭院绿荫、参天古树，勾勒出宜人的绿色空间体系，遮阴避雨，净化空气，身心服务功能兼备；文化氧吧传承场地历史文化，历史古迹、文化设施、历史事件融于传统空间，置身其中，城市之根豁然显现。生活氧吧诉说着昨日我们的生活方式：临崖布局的故事会广场、因地制宜的步行梯道、房前屋后的活力交往空间，路不拾遗、夜不闭户在这里很寻常。

方案找回的不仅是失落的都市空间，更是城市的原本生活和规划师的社会责任。

**参赛者感言：**

选地具有鲜明的山城地形特征，并且存在典型的上下半城割裂问题。这种割裂导致场地虽然有多处历史文化遗迹却无人问津，较长的滨江线却人迹罕至，衰败和混乱随处可见。我们发现在处理这些问题的时候需要突破红线，将地块放入城市中去研究，挖掘地块被边缘化的根源，创造场地资源充分利用的机遇。通过这次设计，我们对城市理解更加深入，不仅仅在空间层面，更多的是在城市的历史文脉、社区文化、慢行系统等层面。在大量调研及反复交流的基础上，我们逐步探索对失落地块注入活力之氧的方式，并寻求解决社会问题的方法。在整个方案过程当中，成员之间的合作、与指导老师的沟通非常重要，交流帮助我们解决了设计中的困难和疑惑，良好的讨论与合作让我们能够井然有序地完成每个阶段所要求的内容。这是一个让我们将理论应用于实践的机会，也从中获益匪浅。

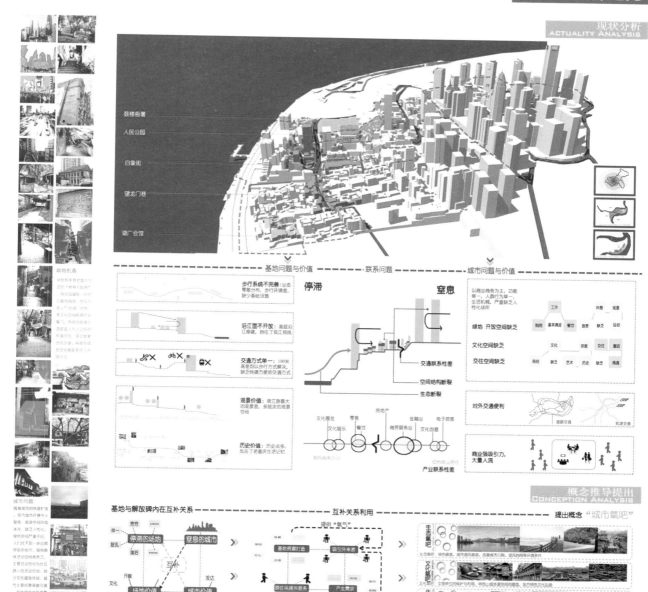

现状分析
ACTUALITY ANALYSIS

理念创意专项奖

概念推导提出
CONCEPTION ANALYSIS

现状认知>>概念分析

# RAMBLING · THE CITY OXYGEN BAR

THE CHARACTERISTICS OF MOUNTAIN CITY URBAN SLOW SYSTEM DESIGN
山城特色的城市慢行系统设计 **漫步·城市氧吧**
URBAN RENEWAL DESIGN IN CHONGQING LOWER URBAN AREA 重庆下半城旧城更新设计

策略及方案生成
PROJECT JENERATION

1. 打通区域通氧廊道

2. 构造文化及生态氧吧线路

3. 植入节点氧泡

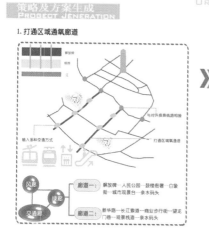

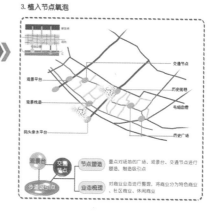

**总平面图**
CITE PLAN

经济技术指标：

| | | | |
|---|---|---|---|
| 征用地面积 | 185400 ㎡ | 保留建筑面积 | 185000 ㎡ |
| 占地面积 | 约100㎡ | 改造建筑面积 | 321900㎡ |
| 总建筑面积 | 317200㎡ | 拆建建筑面积 | 98500㎡ |
| 容积率 | 1.71 | 新建率 | 31.05% |
| 绿地面积 | 78400㎡ | 绿地率 | 42.3% |

**生态氧吧**
1 人民公园
2 四曲花街
3 观景平台
4 广场
5 观光电梯
6 自动扶梯
7 滨江观景台
8 地下通道
9 旅游码头
10 滨江公园
11 滨江休闲商业街
12 山城步道

**文化氧吧**
1 索道交通
2 电梯
3 休闲商业街
4 大文广场
5 缆车交通
6 观景广场
7 天桥
8 人文码头
9 人文滨江公园
10 白象街风貌保护区
11 民国风貌街
12 山城步道
13 重庆民容体验街
14 湖广会馆
15 滨江休闲商业区
16 东水门遗址保护区

**生活氧吧**
1 高层居住前区
2 小林地
3 活动广场
4 居住区入口
5 生活小巷
6 休闲运动设施
7 休闲座椅
8 活动广场
9 山城步道

理念创意专项奖

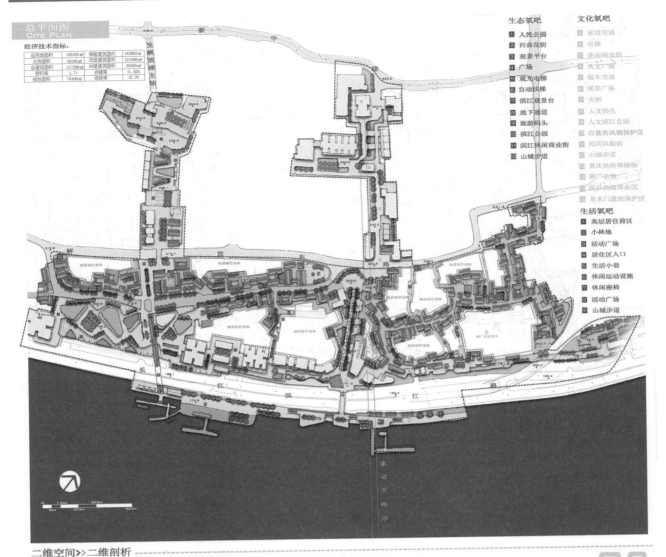

二维空间>>二维剖析

# RAMBLING · THE CITY OXYGEN BAR
## 02

# 漫步·城市氧吧
### THE CHARACTERISTICS OF MOUNTAIN CITY URBAN SLOW SYSTEM DESIGN
山城特色的城市慢行系统设计
重庆下半城旧城更新设计 Urban Renewal Design In Chongqing Lower Urban Area

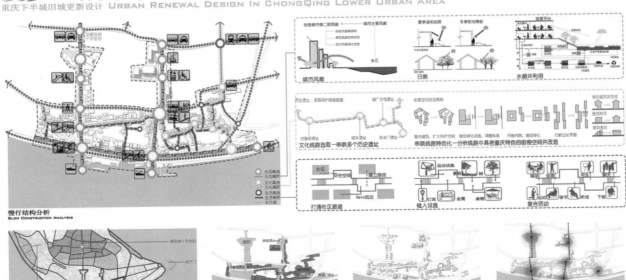

慢行结构分析
SLOW CONSTRUCTION ANALYSIS

基地与区域关系分析
BASE AND AREA REALATIONSHIP ANALYSIS

用地分析
LAND USE ANALYSIS

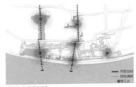

建筑分析
ARCHITECTURE ANALYSIS

开放空间分析
OPEN SPACE ANALYSIS

# 03

三维空间 >> 空间剖析

## RAMBLING · THE CITY OXYGEN BAR
### THE CHARACTERISTICS OF MOUNTAIN CITY URBAN SLOW SYSTEM DESIGN
山城特色的城市慢行系统设计 漫步·城市氧吧
URBAN RENEWAL DESIGN IN CHONGQING LOWER URBAN AREA 重庆下半城旧城更新设计

**生态氧泡**
ECOLOGICAL OXYGEN BUBBLE

四曲花街：人民公园与下半城有较大高差，设无障碍坡道打造步行路径。坡道拐弯处设观景平台，增加绿地，丰富植物层次，延续生态画道。

滨江观景台：依据崖线设不同层次观景平台，增加城市开放空间。平台与覆土建筑结合，延续滨江绿地，提供滨江生态步行画道。

**文化氧泡**
CULTURE OXYGEN BUBBLE

缆车遗址：重现重庆特色交通方式体验，加强文化传承。对沿道路运行环境整治，增加休憩平台及绿地，并复原缆车遗址的入口空间。

白象街：保护历史建筑，延续民国风貌，整治街道环境，在入口处设文化广场，增加景观点和活动设施，强化白象街的标示性。

**生活氧泡**
LIFE OXYGEN BUBBLE

山城步道：对步道两侧房屋的空间立面进行改造，植入特色商业，营造步道景观，改善生活环境，强化步道复合功能，增加活力。

滨水码头：提供市民亲水空间，将步行体系延续到江面，设置休闲游憩商业设施，局部增加绿地，提升活力。

人民公园—码头剖面图
SECTION DRAWING

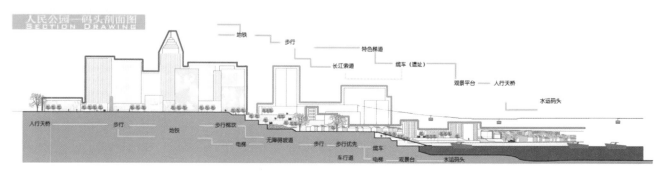

# 编城织路

**西安建筑科技大学**

**指导教师** 陈超 杨辉　　**组员** 刘治胜 郑笑眉 黄博强 李大洋

**设计工作情况说明：**

　　本次设计以发展低碳生态城市为背景，以"城市漫步"为主题，为重庆市渝中半岛设计一个适于市民慢行并共享城市生活空间的窗口。

　　我们小组一行四人在暑假开始的时候前往重庆进行了为期三天的实地调研，切身体会重庆渝中半岛的老重庆人的生活，只有真正的将自己融入山城的生活中，才能乐之所乐，想之所想。

　　最难忘记的是我们小组在北京实习期间方案的构思对比推敲。每个人都会构思两个概念性方案，我们自己动手收集废弃泡沫材料只做了简单的草模对方案进行推敲，经过几轮的思考，先放弃几个有缺陷的方案，再对剩下的方案进行深入讨论，我们一起用电脑制作了精细的模型对方案进行细节推敲，最终只留下两个可以继续深入的方案。

　　结束了一个月的北京之行后回到学校，与老师一起探讨方案后，之前留下的两个方案也因为缺乏创意而被放弃，我们陷入了没有方案需要重新构思的状况。通过对基地的认真分析，对重庆历史文化和生活习俗的重新思考，对基地内地形、交通条件和建筑质量的再次评价，经过老师的指导，我们逐渐找到了解决问题的方法，共同努力一番过，敲定了"编城织路"为我们的最终方案。

　　深化方案的过程中，我们对基地内的道路系统、高程地形、环境质量、建筑质量以及区域问题逐一做了总结与分析，为后期的方案落实奠定了基础，再进一步完善设计的理念与解决问题的方法和策略。

　　最后我们对重庆渝中半岛的生活提出了美好的愿景：走在重庆的路上，不用害怕天上的烈日和大雨，不用关注红绿灯与来往的车辆。在充满生机与活力的街道上，长廊穿梭在楼宇和街道上空，上边种满了藤蔓。长廊底下的绿荫里，老人们边听着广播里放的戏曲，边摇着扇子纳凉。几个附近的居民又一如往常地相约——在街边的麻将馆门口他们支开了桌子，悠闲地度过下午的时光。打麻将是重庆人最喜欢的消遣。孩子们放学后，早已按捺不住那躁动的心，放下书包便跑出门，叫上小伙伴们在广场上嬉戏。广场在离地面十米的高处，横跨马路，连接着对面的裙楼。广场底下是两层的商铺——年轻人下了班后与朋友相约去购物，走累了便在长廊的咖啡厅休息，透过玻璃幕墙望着街上路人的一举一动。居民吃过晚餐后到街上散步，长廊里的灯光照亮了街道，还有几个遛狗的妇女在草丛边聊着家长里短。路灯下的情侣在谈情说爱，舍不得分别。

　　街道每时每刻都充满活力，街上人们你来我往忙碌而又有秩序。街上每一个人都能找到一个位置全心地投入到自己的事情之中。

**参赛者感言：**

刘治胜：

　　前期我们查找资料，中国城市规划学会和高等学校城乡规划学科专业指导委员会组织我们到重庆实地调研、选择地块、接受培训，之后我们再次前往基地实地感受，进行详细的调研。然后从概念方案，到方案比选，方案修改深化，一直到最后的成果表达。这一路走过来，最后发现，竞赛本身并不是最重要的，竞赛所带给我们的学习的机会，参与城市设计的机会，与同学合作的机会，这些机会与经历对于我们来说才是至关重要的。

郑笑眉：

　　这次参加"西部之光"竞赛让我收获很大，学到很多东西。我们四个组员都是同班同学，之前并没有接触过城市设计，也没有遇见过这么大范围的基地。所以，这次竞赛对我们来讲是全新的挑战。

　　这次竞赛我们能拿奖真的很开心，这给我们极大的信心和鼓励，当然也看到了自己的不足。但贵在坚持，只要我们保持对专业的热情并锲而不舍地努力，我们就永远在进步，明天的我们会更加优秀。

黄博强：

　　一次经历，一次成长，能在这次"西部之光"规划设计竞赛中获奖，结果是让人欣慰和满意的。首先，我非常感谢陈超老师和杨辉老师的热心的帮助和认真指导，感谢系里面对这次比赛的重视和大力支持，如果没有他们的努力和汗水，我们也不可能取得这样的成绩。其次，我也非常高兴能加入我们的团队，团结就是力量，这次比赛就是对它最好的诠释。

　　我们都是在一次次的经历中逐渐成熟和发展起来的，"西部之光"规划设计竞赛给了我一个展示自我的平台，让我获得了自我发展的机会。

李大洋：

　　渝中半岛人需要什么样的生活，这是我们设计之初讨论最为激烈的点。经过几次有针对性的调研，深入到半岛人的生活当中，从灯红酒绿的解放碑到古老而活力十足的十八梯步道，去和当地人交流，体会他们的体会。自下而上地，我们最终体会到，一个设计师应该做些什么。

　　山城特有的环境、风土人情、气候促成了我们的设计。这种因地制宜、以当地居民的生活为出发点考虑问题、提出方案的方法，是我们参加这次竞赛最大的收获。

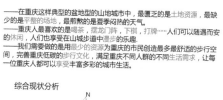

编城织路　1
PLAIT CITY AND ROAD

——在重庆这样典型的盆地型的山地城市中，最匮乏的是土地资源，最缺少的是平整的场地，最煎熬的是夏季闷热的天气。
——重庆人最喜欢的是喝茶，摆龙门阵，下棋，打牌……人们可以随遇而安的休闲，人们也享受在山城步道中漫步的乐趣。
——我们需要做的是用最少的资源为重庆的市民创造最多最舒适的步行空间，完善重庆低碳的步行文化，满足重庆不同人群的不同生活需求，让每一位重庆人都可以享受丰富多彩的城市生活。

综合现状分析

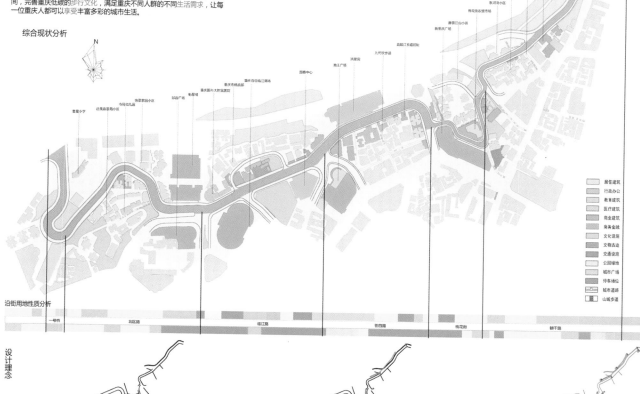

沿街用地地质分析

设计理念

原有步行空间　　　　增加步行空间　　　　优化步行空间

理念创意专项奖

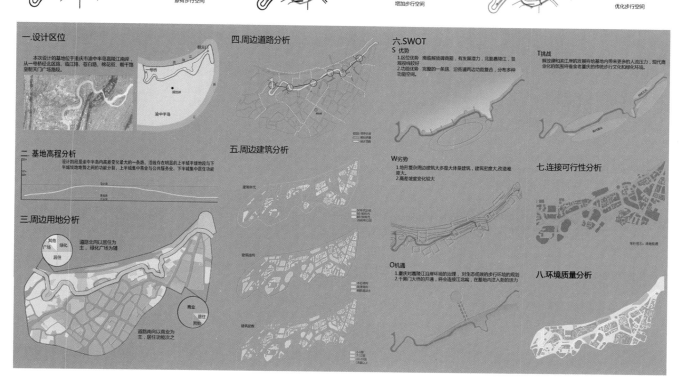

一.设计区位

四.周边道路分析

六.SWOT
S 优势

T挑战

二.基地高程分析

五.周边建筑分析

W劣势

七.连接可行性分析

三.周边用地分析

O机遇

八.环境质量分析

# 编城织路 **2**
## PLAIT CITY AND ROAD

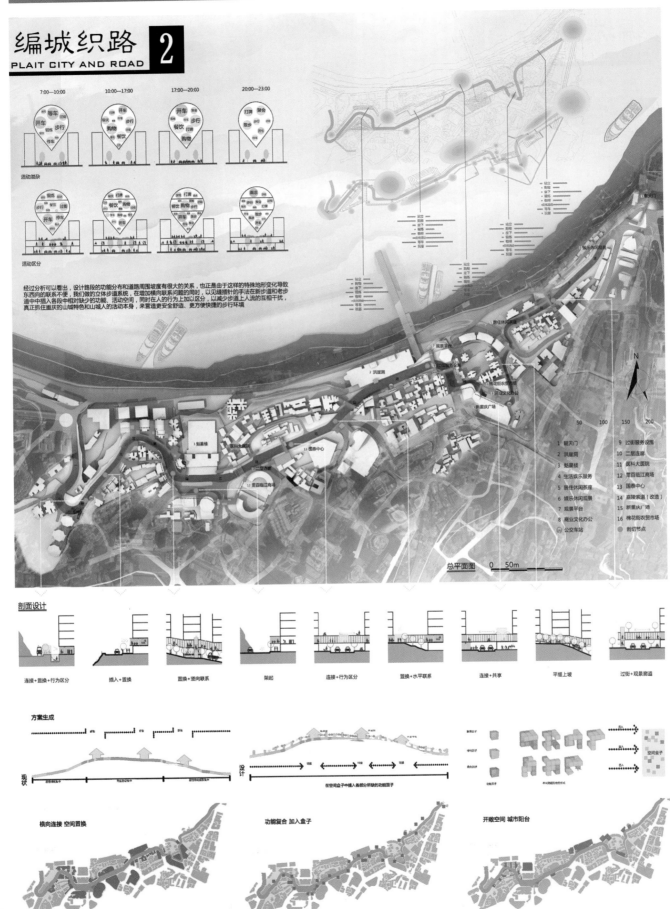

经过分析可以看出，设计路段的功能分布和道路周围坡度有很大的关系，也正是由于这样的特殊地形变化导致东西向的联系不便，我们做的立体步道系统，在增加横向联系问题的同时，以见缝插针的手法在新步道和老步道中中插入相对缺少的功能、活动空间，同时由在人的行为上加以区分，以减少步道上人流的相互干扰，真正抓住重庆的山城特色和山城人的活动本身，来营造更安全舒适、更方便快捷的步行环境

# 编城织路 3
## PLAIT CITY AND ROAD

设计愿景

漫步重庆街头，勿需言怕天上的烈日和大雨，不用关注红绿灯与往来车辆。在这充满生机与活力的街道上，阳满掩暴的绿色长廊穿梭在楼字之间和街道上空，长廊底下的楼顶里，老人们听着广播里放的戏曲，编着席子纳凉。打麻将是重庆人最喜欢的消遣，几个形近的居民又一切往常地相约……在街边的麻将馆门口支开桌子，悠闲地度过下午的时光。孩子们在高地面几米的高处、横向马路，连接着街道两边的裙带。广场底下是两层的商铺……一年轻人下了班后与朋友相约的去购物，走累了便在长廊里的咖啡厅内休息。通过玻璃幕墙看街上来往的人流和车辆。晚饭过后人们相约到街上散步，长廊里的灯光点亮了街道，还有几个遛狗的妇女在草丛边聊着家长里短，情倒让下次情说爱，你侬我侬，舍不得分别。街道每时每刻都充满活力，街上的行人和车辆你来我往，忙碌而又有秩序。每一个人都能在街道找到一个位置，全心地投入到自己的事情之中。

理念创意专项奖

# 取道戏江 @ 洪崖门

**重庆大学**

**指导教师** 胡纹　　**组员** 温奇晟　曹璨　陈珂　倪凯　朱刚

**设计工作情况说明：**

　　渝中区是重庆最核心的一个组团，在初步调研选择地块时，我们发现几乎没有可供开发的未建设地块。参观完规划展览馆，站在朝天门码头回望洪崖洞，看到鳞次栉比的传统吊脚楼依着山势，层层叠叠，跨越了崖壁的障碍。于是我们产生了一些设计的构思，设想于洪崖洞边上郁郁葱葱的一片山崖与树林中，建立联系上下的林间绿道，将高楼林立的解放碑商圈与临江门的百年老码头联系起来，从而在拥挤压抑的城市中心，创造一个游憩的空间。

　　场地现状由不同功能的用地组成，从戴家巷老住区越过面向嘉陵江的 70 米悬崖，下来便是过去临江门的码头和滨江路。因为高差的阻碍，各个功能的地块在不同的标高上都缺乏便捷的可达性。紧邻 CBD 的老社区成为落后凋敝的城中村，滨江路边过去繁荣的码头因为交通不畅，市民亲水空间可望而不可及。

　　所以，我们希望构建一套连接系统，为上半城 CBD 的人们提供一个 300 米内就能滨江亲水的路径。分析现状实际，我们将场地分为三段，从最高的戴家巷社区，到悬崖，再到临江门码头分别制订各自的改造计划。

　　（1）戴家巷老社区

　　尽管与解放碑步行街区仅一路之隔，戴家巷社区却萧索破败，与周围环境极不协调。紧邻的国泰广场聚集了重庆画院、重庆国泰艺术中心等市级文化单位，承载了文化展览、艺术演出等功能。因此，在社区改造设计中，我们试图通过改造社区的空间，借助国泰广场的艺术中心的功能定位，发展配套商业，从而获得发展的推动力。

　　（2）洪崖

　　在旧社区的背后，是 70 米的滨江悬崖，其为洪崖门的旧址所在。在历史中，重庆有九开八闭十八座城门。洪崖门、临江门在尽来数十年的发展中原址已经缺乏修缮保存。它们作为城市历史中的重要的记忆，值得保留与传承。所以，我们在崖壁建筑的形制上采用了城墙的外形，同时，提取了当地传统吊脚楼的元素来构造跨越崖壁的步行系统。

　　（3）临江门码头

　　洪崖下，是临江门的三个码头，它们是老重庆在公路、铁路还不发达时重要的交通枢纽。近年来，城市对水路运输的依赖减少，码头地区已经衰落。我们通过适应水位变化的滨江景观的设计，营造舒适的游憩空间。同时，将步道与滨江景观区进行步行衔接，消解了滨江路的阻隔。

**指导教师评语：**

　　面对特殊的滨江悬崖地形，对可能的城市空间结构进行了大胆的设想，这是该设计对自然和人工城市的结合所提出的挑战。同时，设计也兼顾上位规划中城市的既定现状和空间结构，通过扎实的现状调研，了解城市面临的问题，并在设计中予以回应。此外，设计充分反映了该地区的历史文脉和对于城市文化精神延续性的思考。

　　这 5 个小组成员分别来自三个专业，建筑、城乡规划、景观的同学相互协作，各自取长补短。因此，方案具有较高的完整性，在对整体的宏观定位、环境交通考量的同时，具有对建筑以及公共空间的细节设计。

　　但是，由于时间的分配不尽合理，部分建筑设计缺乏足够的推敲深入。例如，城墙建筑的表皮过于单一，其形式也值得进一步推敲和改善。

**参赛者感言：**

　　十分感谢主办方中国城市规划学会和高等学校城乡规划学科专业指导委员会举办的这次设计竞赛。这次竞赛中，我最大的收获来自交流。和近 200 名来自西部各地院校的同学们相互学习、切磋。这次竞赛给了我向其他院校同学们学习的机会。另外，在同组内与建筑、景观专业同学的合作中，我也学到了不少相关专业的设计方法。作为组长，我十分感谢 CK、恺哥、璨姐和猪哥这些各种给力的组员们。

　　在这次竞赛中，我感受到西部各个院校的同学们跟我一样，都对于西部城市发展的特点和局限有一定的认识和切身体会，很感谢有这样一个设计的机会让我们共同探讨自己所生活所熟悉的城市的建设和更好的未来。

　　最后，要感谢胡老师在我们创作的过程中给予的帮助。您的指导与鼓励极大地启发了我们的设计创作思路。通过和您的一次次交流与讨论，我在这次竞赛设计学到了很多知识。

# 取道戏江@洪崖门

## 历史的城门与码头>>>

重庆是一座位于两江之上的城市，城墙、码头、陆崖自古以来形成了重庆的"城市印象"，是重庆"与生俱来"的城市符号——这"九开八闭"的十七座城门承载了这座城市成百上千年的往事与历史。

——洪崖门的城墙

随着改革开放后的快速发展，经济对土地需求极大地改变了重庆的地面面貌。为"顺应风水"而建在最崖上的"洪崖门"被人们遗弃，城墙却记。

——洪崖洞码头

洪崖洞是巴渝文化和重庆城市人文的一条根脉，承载了近代以来城市发展的一段历史，记录了民国的重庆穷人们的生活状态。

洪崖洞集中了现在重庆城中数量最多的"吊脚楼"这种半式建筑，完全依山就势，高低错落，体现了重庆人民适应改造地形环境的智慧。

### 原"取道"方式

国泰广场的临江设计方案是以高架的形式延续广场步行空间。但是该步道需要拆迁原社区，目单一的走向会导致步道可达性不佳、缺乏与周边景点的联系，而行人只有一条路径可以选择，最后还要通过坐乘坐电梯才能下到江边。

国泰广场步道步行系统

单一的路径让行人被步道"挟持"

## 场地特征

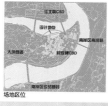

场地区位

场地与周边

周边绿地系统

重要节点

## 周边功能

城市级商务中心
城市级商务中心
重百旗舰商厦
纽约·纽约
环球金融中心
新世纪百货
美美百货

城市文化休闲中心
城市地标解放碑
国泰大剧院
重庆画院
洪崖洞风景旅游景点
历史建筑魁星楼

老社区居住组团

城市医疗卫生用地

城市地铁出口
解放碑站

"洪崖门"漫步体系

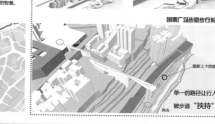

"旧街巷"　"老城墙"　"吊脚楼"　"新码头"

公交车站

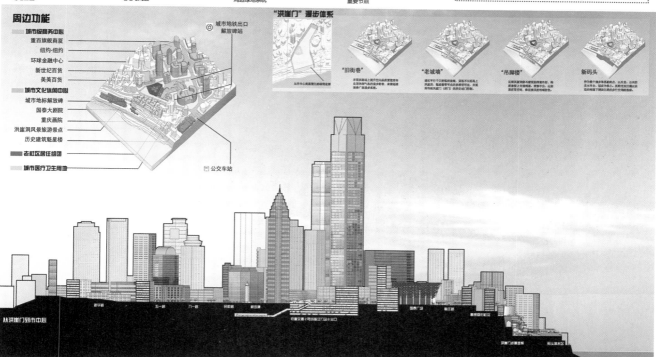

从洪崖门到市中枢

# 取道戏江@洪崖门

轴测分解流线

单一空心砌块构件

紧知墙体砌筑方式

以流线控制砌块的翻转角度，达到良好的光体验

城墙内部流线

连续的坡道将行人引向江边

滨江活动广场

滨水码头

160米   低段水位

170米   中段水位

180米   高段水位

> 经济技术指标                总平面图   1:1000

0   50m

| | |
|---|---|
| 总用地面积 | 5.76ha |
| 现状总建筑面积 | 196234m² |
| 规划总建筑面积 | 241273m² |
| 建筑密度 | 36.13% |
| 容积率 | 4.1 |
| 绿地率 | 32.80% |
| 停车位 | 1672个 |
| 拆迁量 | 1430m² |
| 新建量 | 42100m² |
| 改建量 | 3024m² |

洪崖洞

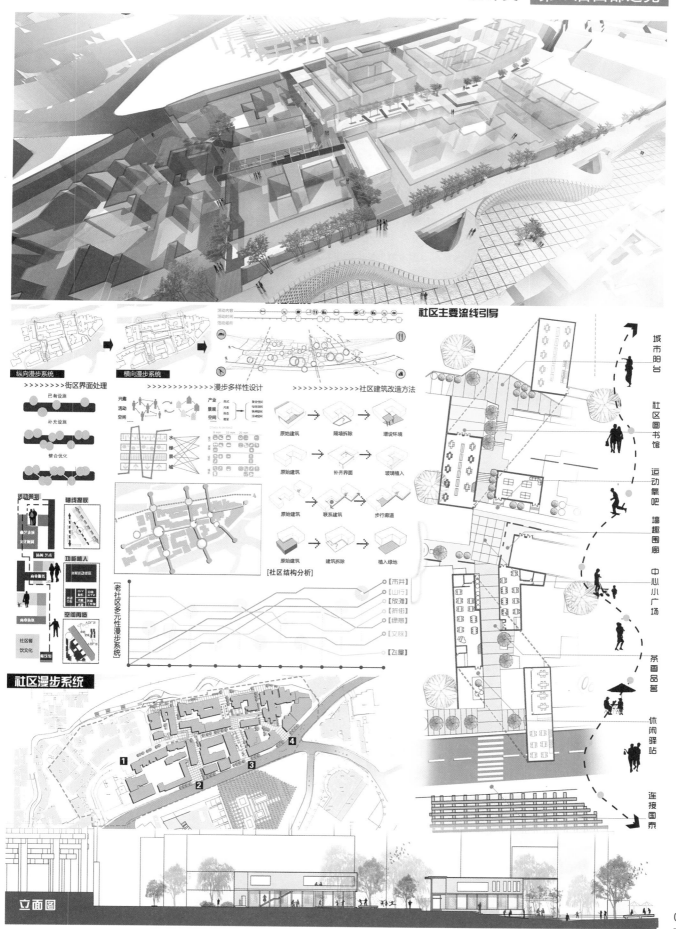

社区主要流线引导

纵向漫步系统　　　横向漫步系统　　　漫步多样性设计　　　社区建筑改造方法

>>>>>>>街区界面处理

已有设施

补充设施

整合优化

光庭　产业　形式　聚集空间
活动　景观　代理　氧吧空间
空间　空间　陈地　体闲空间
　　　　　　框架　活动空间

水缘景城

原始建筑　隔墙拆除　增设环墙

原始建筑　补齐界面　玻璃植入

原始建筑　联系建筑　步行廊道

原始建筑　建筑拆除　植入绿地

[社区结构分析]

活动策划

轴线提取

功能植入

空间再塑

文艺表演
文化娱乐

游园艺术

休闲活动区

DIY餐饮
KTV

商业服装

商业出售

社区餐
饮文化

商业街

[老社区多元性漫步系统]

【市井】
【山行】
【放湖】
【折街】
【绿巷】
【文脉】
【飞屋】

社区漫步系统

1　2　3　4

立面图

城市阳台
社区图书馆
运动氧吧
墙趣围廊
中心小广场
茶香品茗
休闲驿站
连接国泰

设计表达专项奖

# 层台——渝中半岛原生空间的回归与延续

内蒙古工业大学

**指导教师** 胡晓海 张立恒 贾震 **组员** 徐广亮 娄富强 韩国珍

**设计工作情况说明：**

本次设计结合山城重庆的山地地貌和居民生活习惯，以"台"为场所，通过台地之间的层层衔接，提出"层台"的设计理念，旨在通过这种理念来解决地势高差带给交通、建筑等各方面生活的不便，以营造一个有机的城市步行空间，突出本次设计的主题——"城市漫步"。在充分调研的基础上，考虑到基地内的现状用地、功能以及交通的有机联系，为满足居民日常生活的需要，创造一个更适于渝中半岛乃至山城重庆整个城市舒适、高效与和谐的生活环境。本方案在构思过程中主要考虑以下影响因素：

1. 渝中区的有关政策支持。

2. 可以充分利用现状地形，富有创新但又不失重庆原生空间的地形风貌。

3. "鬼斧神工多留情，不动声色有新意"，尽可能的保留现状可利用的老建筑，结合上位规划，合理调整用地和建筑功能，保护城市肌理，并充分发挥文化特色，引导外来游客融入当地居民生活，激发产业升级，促进渝中半岛经济、社会、文化发展。

4. 利用地势高差及零碎的小空间，为居民提供更多室外活动场所，改造现有步行交通廊道，使其更有引导性和趣味性，合理分配户外空间，以形成"点—线—面"的有机联系。

5. 将错落有致的台地作为链接不同地面标高建筑的联系纽带。

6. 提倡"生态"、"低碳"理念，开发运用新的建造技术，把基地内现存大量残余废弃建筑材料充分利用起来，不仅节省建设费用，并能有效地保护环境，塑造低冲击的生活环境。

7. 基地濒临长江和人民公园，有非常好的环境要素作为活力源。

考虑以上几点因素，本方案从调研收集资料、基础资料分析、方案构思、成果绘制，从宏观背景一步步深入到琐碎空间的形成，系统的完成了本次设计所必要的各个阶段与过程。

**指导教师评语：**

优点：本组城市设计作品——层台，前期调研较为充分，发放并回收了问卷调查，深入现状基地进行了较为细致、全面的踏勘；结合重庆当地特殊的山地地貌以及居民生活习惯，提出"层台"的设计理念，通过层台来解决地势高差带给交通、建筑等各方面的不便，营造一个有机的城市步行空间，体现了这次设计的主题"山城漫步"。

通过调研可知：基地范围内建筑拥挤、交通混乱，没有居民活动所需的开敞空间，该方案以人为出发点，强调空间的轴线，将环境与空间的有机结合，通过对消极空间的积极改造，呈现给居民更丰富、更活跃的公共空间。

设计成果表现符合城市设计的要求，运用较为夸张的手法将设计理念表达清楚，版面设计清晰，具有一定的开创性。

缺点：方案设计时，主要步行空间向各个街区延伸不够，没有达到以线带面的效果；交通组织关系不够清晰，部分地段车行、步行以及停车考虑不周。

**参赛者感言：**

本小组三位同学在各位老师的指导下，从调研收集资料、基础资料分析、方案构思到成果绘制，系统地完成了本次竞赛所必要的各个阶段与过程。我作为小组组长，在整个过程中组织组员解决问题，即：如何用"北方思维"解决"南方难题"，如何用"平原思维"解决"山城难题"，这非常值得我们思考。另外，魏皓严老师的名言——"鬼斧神工多留情，不动声色有新意"，在这次方案构思中更是深刻启发了我。非常感谢给予我这次设计机会的老师！

# 层台

## 渝中半岛原生空间的回归与延续

地势使然，山城步道成为其文化不可或缺的一部分。然而在现代城市进程中，机动交通发展迅猛，作为山城步道的原生空间正在消失，慢行空间变的紧缩而不连续，致使交通转换功能较弱。基于"层·台"的慢行空间设计，即依托重庆地势的层层累积，结合本土特色的山城步行空间，为渝中半岛解放东路地段打造"城市阳台"，进而塑造低碳连续的低碳慢行空间。

## 区位分析

| 地理区位 | 人文区位 | 历史区位 | 交通区位 | 景观区位 |
|---|---|---|---|---|

## 地域特色分析

## 现状分析

### 场地高差
基地高差大，由东南向西北逐渐增高，受城市建设开发影响，地势呈阶梯状，白象街和人民公园地段有着最显。

### 车行交通
由于地势高差较大，车行道只能顺应等高线走势，形成纵向机动交通，垂直方向的机动交通缺乏联系。
现状公交站点稀疏，站点之间距离大，多以向结乘难度大，候车设施简陋，缺乏与之配套的服务设施，如候车。

### 步行交通
现存步行道蕴藏着重庆山城文化气息，步道基本垂直等高线，节点没有活动空间，步道的活跃性和引导性强，缺少过街通道等，步道沿滨江梯道建筑和悬崖陡坡。

### 开敞空间
基地内建筑密度较大，缺乏供人运动、娱乐、休息等开敞的活动场所之设，居民的日常活动局限在白象公园、白象街及解放东路的人行道，活动内容单一。

受现代高层建筑的影响，景观元素（长江及对岸）被遮挡，空间连续性被打破，活动场所较少且之间没有有效引导，场所自身存在一定封闭感。

### 功能
基地内以居住为主，沿解放东路散布少量商业，且业态单一，不能吸引大量人流。基地内土地功能单一，土地缺少有效混合利用，居民日常工作、生活出行距离较长，无形中增大交通的压力。基地内的公共休闲空间仅有白象公园，是当地居民的娱乐休闲场所，但是服务半径较小。
白象与长滨路之间为污水处理厂的用地，散发刺鼻的气味对环境影响较大。基地内现存大面积拆迁土地，堆积大量废弃建筑材料。

### 建筑层数
基本层居住建筑，少量办公和商业建筑。传统建筑多为西层以下，建筑图合形成连续步道，有较强的凯旋感，现代建筑为高层，打破了原有城市凯旋感。

### 建筑质量
传统建筑质量较现代建筑差，基地内保留很多老建筑，讲述了老重庆的历史演变，有保留价值。
基地存在大量废弃建筑材料，如砖、木材、石块等。

### 环境
由于交通不便和城市发展的历史背景，基地内污水处理厂散发刺鼻的气味，基地内存在大量废弃建筑材料及错落有致的观景平台，以供人休闲、游憩、观景。基地内绿地较差，对居住环境的改善、产业升级或有了负面影响。

### 人群
基地内多为原住居民，有少量外来人。缺少工作岗位，生活环境较差，缺必要的娱乐、休闲场所。活动人群以老年人、儿童为主，外来人员多为建筑工和普通白领。

### 现状总结

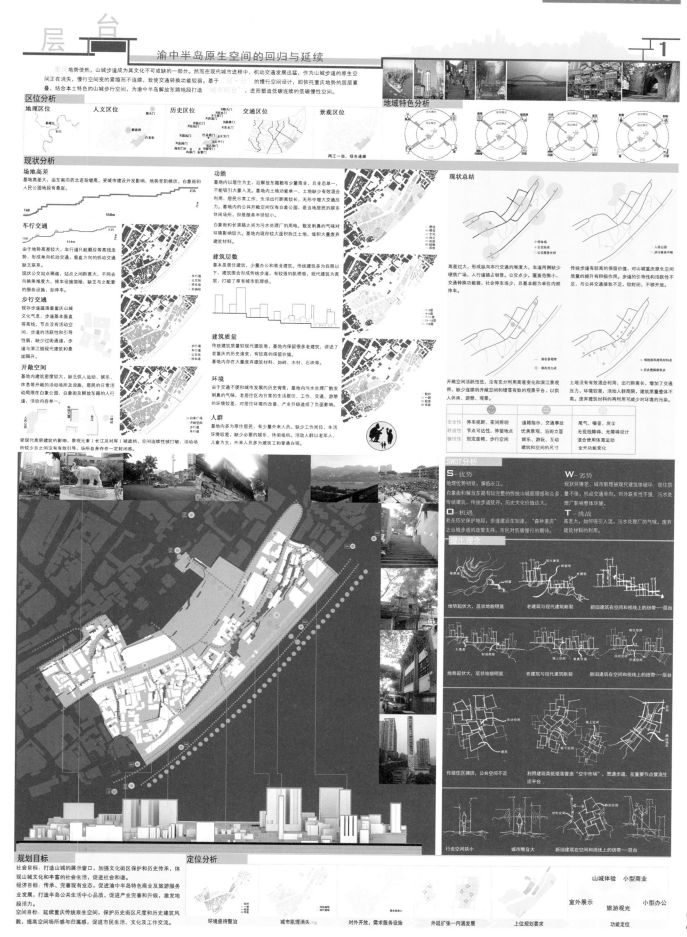

## SWOT分析

**S - 优势**
地理优势明显，濒临长江。
白象街和解放东路有较完整的传统山城肌理感和众多传统建筑，传统步道蜿蜒多，历史文化价值大。

**W - 劣势**
现状环境较差，城市肌理被现代建筑体破坏。居住质量差，机动交通单一，对外联系性不强，污水处理厂影响整体环境。

**O - 机遇**
处在历史保护地段，步道建设在加速，"森林重庆"之山城步道的政策实施，市民对低碳慢行的期待感。

**T - 挑战**
高差大，如何吸引人流，污水处理厂的气味，废弃建筑材料的利用。

## 提出理念

地势起伏大，层状地貌明显 — 老建筑与现代建筑断裂 — 新旧建筑在空间和视线上的纽带——层台

传统住区拥挤，公共空间不足 — 利用建筑高低错落营造"空中市场"，贯通步道，在重要节点营造沿生活平台

行走空间狭小 — 城市嘈杂嘈大 — 新旧建筑在空间和视线上的纽带——层台

## 规划目标
社会目标：打造山城的展示窗口，加强文化街区保护和历史传承，体现山城文化和丰富的社会生活，促进社会和谐。
经济目标：传承、完善原有业态，促进产业完善和升级，激发地段活力。打造半岛公共生活中心品质，促进产业完善和升级，激发地段活力。
空间目标：延续重庆传统原生空间，保护历史街区尺度和历史建筑风貌，提高空间场所感和归属感，促进市民生活、文化及工作交流。

## 定位分析

| 环境亟待整治 | 城市肌理消失ing | 对外开放，需求服务设施 | 外延扩张—内涵发展 | 上位规划要求 |
|---|---|---|---|---|

山城体验　小型商业
室外展示　旅游观光　小型办公
功能定位

设计表达专项奖

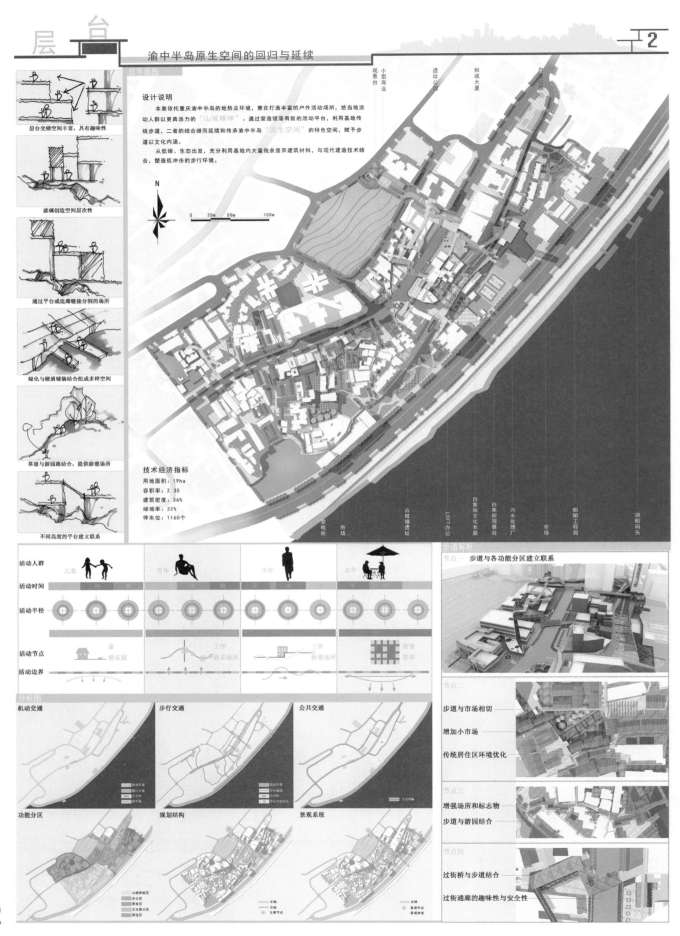

层台

2

渝中半岛原生空间的回归与延续

总平面图

**设计说明**

本案依托重庆渝中半岛的地势及环境，意在打造丰富的户外活动场所，给当地活动人群以更具活力的"山城精神"。通过营造错落有致的活动平台，利用基地传统步道，二者的结合继而延续和传承渝中半岛"原生空间"的特色空间，赋予步道以文化内涵。

从低碳、生态出发，充分利用基地内大量残余废弃建筑材料，与现代建造技术结合，塑造低冲击的步行环境。

N

0  25m  50m  100m

**技术经济指标**
用地面积：19ha
容积率：2.30
建筑密度：36%
绿地率：32%
停车位：1160个

层台交错空间丰富，具有趣味性

玻璃创造空间层次性

通过平台或连廊链接分割的场所

绿化与硬质铺装结合组成多样空间

草坡与游园路结合，提供游憩场所

不同高度的平台建立联系

活动人群　活动时间　活动半径　活动节点　活动边界
儿童　青年　中年　老年

**分析图**

机动交通　步行交通　公共交通

功能分区　规划结构　景观系统

**步道解析**

节点一　步道与各功能分区建立联系

节点二
步道与市场相切
增加小市场
传统居住区环境优化

节点三
增强场所和标志物
步道与游园结合

节点四
过街桥与步道结合
过街通廊的趣味性与安全性

层台

空间改造 渝中半岛原生空间的回归与延续 3

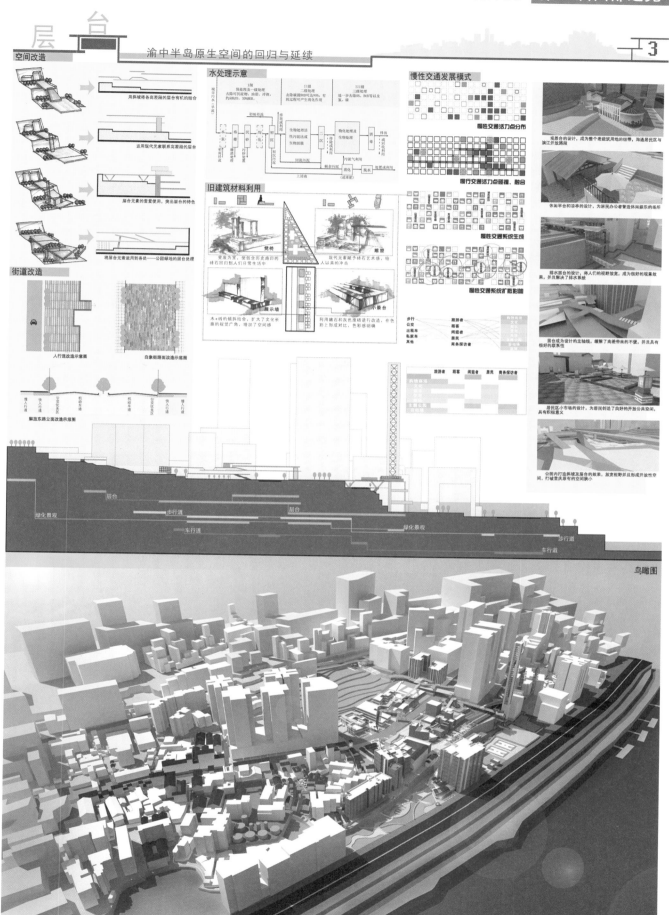

设计表达专项奖

# 小巷故事

**西南大学**

**指导教师** 张建林　刘佳　　**组员** 余梅　杨琪瑶　唐潇潇　刘罗丹

**设计工作情况说明：**

　　在临近暑假的时候忽然接到"西部之光"比赛的通知，未知的竞赛安排、未知的命题，还有甚至未知的团队成员……一切未知与猜想使得此次竞赛披上一层带有冒险般刺激的面纱，而事实证明的确如此。在重庆这座天气热辣、地形复杂、多元混搭、心跳与激情、灵感与梦想充实的城市里进行设计，永远都戳不破未知的底线，只有永不停止迸发的灵感的火花，从未知角落里涅槃而出的创意——这是我们此次参赛最深刻的感悟——一座城市，无论它的表面看起来多么老套，总是蕴含着意想不到的潜能。

　　愉快的选题：相对于其他团队而言，我们的选题过程显得轻松而果断。我们几乎是一眼就看中了"天门东线"这个选题，因为这块基地本身对于我们来说就显得十分有魅力。它是带状的，这就使其更具活力的流动与联通特性；它高差极大，带来了实现多层次多变化的空间体验的可能性；它有丰富的历史遗迹与老旧建筑，能轻易唤醒现代人对老重庆的记忆。这些基地的本来特征与我们所渴望的设计相吻合，于是我们愉快地确定了选题。

　　有趣的调研：清晨 7 点开始的调研显得十分辛苦，纵横巷道里面"上上下下"的享受更是让我们对重庆这座老城哭笑不得。但调研确实令人印象深刻，因为它令我们这些在重庆生活多年的人依然感到惊艳。

　　这是快被很多现代重庆人淡忘了的土地，许多人拼命工作，目的是为了遗弃它；但这里却总有些沉淀是时间的河水永远都冲不走的。那些低矮破败的房屋，坐在门口双眼无神的老人，衣着随便满口粗话的中年男人和害怕阅读文字的劳动妇女。踏上这里每一块梯步都使人捏一把汗，因为稍不注意就会失足受伤。这种幽深混乱的巷道有时使人压抑，即使是在这靠近江水的地方，也丝毫没有可以看到江景的缺口，更没有给人带来观看江景的心情。而这些都是重庆抹不去的记忆，是过去现在未来都割不去的城市的一部分。它被人厌弃，却仍然十分有活力，时刻不忘在重庆人的面前叫嚣自己的存在。

　　它吸引了我们的思考，使我们无法忽视。在这些调研之后，我们已经初步确立了设计的思路——即沿用此处历史的文脉，整合建筑与巷道空间，使此段步行空间在古老记忆与现代化生活方式的融合中，重获新生。

　　周折的思考：设计思路来自于调研，毋庸置疑。但在确定了模糊的设计轮廓后，我们尴尬的发现，深入的思考难以进行。我们的专业是景观，参与城市设计类的竞赛是第一次，我们甚至不知道设计成果应该是什么样子。设计的深度如何，什么应该成为我们的重点，用什么样的形式来表达我们的意图。这一系列的问题使我们在较长的一段时间内都处于混乱状态。好在，查阅资料带给我们许多帮助，在借鉴前人思维方式的基础上，我们对本案进行了耐心的抽丝剥茧，期间又进行过几次调研，最终形成了一套完整的设计。

　　高效的成图：最后留下来进行出图与排版的时间并不是很多，况且我们组并没有电脑高手类的人物，所以成图过程并不能说是一帆风顺。但我们采取了很明智的取长补短的策略，运用手绘上的优势来弥补了电脑制图上的一些缺陷，也形成了自己的一些特色。排版的工作也从他人的范例中获得了许多灵感，使得整个思路相对清晰，最终在规定时间内完成了出图。

**参赛者感言：**

　　这次竞赛的过程中有许多相互学习与想法互动，这是大家很喜欢的部分。很感谢指导老师陪我们一起调研，非常辛苦，同时给了我们思考方向上的很多指引——如何使一个设计既脚踏实地又不失创意。这次最重大的收获可能要数对重庆这座城的重新认识，在这座熟悉的城市中，我们又发掘出了新的感动。城市如何生生不息？这是值得我们深思的问题。

佳作奖

# 小巷故事　Alley Story

重庆渝中半岛天门东线城市步行系统规划设计

**Project Background 项目背景**

重庆以"山城"闻名于全国，基于其独特的地形地貌和环境特征，在重庆市民交通出行方式中，步行成为较为主要的方式之一。作为重庆城市游憩的渝中半岛，其传统街巷已成为城市特有符号和市民生活的一部分，同时承载看从古至今久远的历史变迁。

但是随着看近年来旧城更新改造和机动车的不断增长，传统的街巷空间以及步行出行方式受到了残酷的冲击，过去辉煌绚烂的历史街巷也随着街面的整改而变得残破不堪，曾经生机盎然的街巷生活景象逐渐被淡忘人们遗忘，传统的街道生活方式逐渐萎缩。从而造成人与人的距离，人与自然的距离，人与社会的距离越来越遥远。因此如何改变对步行价值的认识，利用丰富的传统街道空间资源，缩短由于高速块状交通所产生的距离感，引导绿色的交通出行至渝中半岛城市中心区的回归，提升街巷步行空间的质量，恢复城市的活力是我们这次规划的主要目标和任务。

Chongqing, the "mountain" is famous in the country, based on its unique topography and environmental characteristics in Chongqing public transport travel way, walk one way to become more significant. As the birthplace of the city of Chongqing Yuzhong Peninsula region, their traditional Chongqing city streets have become the symbol and the public part of life, and carries a long history since ancient times change.

But with the recent renovation of the old city and the vehicle continues to grow, the traditional street space and pedestrian way to travel by a brutal shock, past splendid historic buildings along with the rectification of the streets become dilapidated, once lively street scenes of life has gradually been forgotten, the traditional street lifestyle gradually shrinking. Resulting in the distance between people, the distance between man and nature, man and society farther and farther away. Therefore, how to change the concept of awareness of the value for walking, using the rich tradition of street space resources, shortening generated by high-speed fast-paced sense of distance, the green traffic travel guide Yuzhong Peninsula urban centers in return, improve pedestrian street space quality, to restore the city's vitality is our main objective and mission planning.

**Position Analysis 区位分析**

重庆·渝中区
Yuzhong District
渝中区位于长江、嘉陵江交汇处，东、南、北三面环水，西面通陆，地势较大，比高悬殊，形成独具特色的历史变迁。

渝中半岛·渝中半岛
Yuzhong Peninsula
渝中半岛位于渝中半岛东南面，北面较东口、南临长江，主要分于渝中区，是重庆市政府驻地，是重庆市的政治、经济、文化中心。

渝中半岛·天门东线
land use planning
天门东线位于渝中半岛东南部，占地面积约40公顷，基地整体高差北向南渐变通通，最大高差为242.70m，最小高差191.20m，东西向分布于天门道里学地的，纵向向分布着大街巷，步道系呈现鱼骨状分布模式。

规划用地位于渝中半岛东南部，占地面积约40公顷，基地整体高差北向南渐变通通，最大高差为242.70m，最小高差191.20m，东西向分布于天门道里学地的，纵向向分布着大街巷，步道系呈现鱼骨状分布模式。

**Site Analysis 用地类型分析**

基地内部用地类型多样，居住用地约75%，商业用地主要分布于十八梯及沿主要步行道商街，其中文物古董店分布较均匀，其次文化娱乐用地、医疗卫生用地、教育用地大多分布于居住区周边，绿地较少。

**Building Type Analysis 建筑类型分析**

场地内部主要建筑为居住建筑以及，辅以商业、教育、文博等相关建筑，主要分布于沿街面。此外，历史文化建筑分布较均匀，大多以青瓦坡屋顶为主，各别中西结合的建筑风格极具特色。

**Space Environment Analysis 用地环境分析**

解放东路及东这横穿基地，为场所内主要车行道。白象街、凯旋路、储奇门道与解放东路连接，构成次级车行道。现状巷道主要分布于十八梯、储奇门道及沿广场的两大主要景观节点连接性较好，但巷道是严重连接较差，缺乏步行指示系统及过街基础设施。

基地以解放东路街道和主要景观效应，此外在解放西路、储奇门道的交叉分岔布有两大主要景观节点，总体缺乏景观联着，同时景观缺乏之间毫无联系，无法满足居民的日常生活休闲需求。

**Construction Quality Analysis 建筑质量分析**

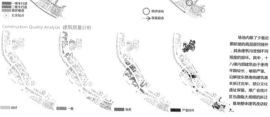

场地内除了少量近期新建的危层居民楼外，其余建筑均受到不同程度的磨损。其中，十八梯沿街建筑由于年限较早、破损严重，沿解放东路南向街建筑基本无法迁保留，部分文化遗址保留，湘广会馆片区也围临大块改迁，基地整体建筑需改动量大。

**Construction Quality Analysis 建筑质量分析**

规划用地内沿文化遗址建筑受损较多较分散层数各均匀，多以3-4层为主。大部分保存完整保护良好于以保护利用。建筑风格以园明时期为主，沿街巷建筑破损较大，大多予以拆除，建筑风格多以转增木柔青瓦坡屋瓦面为主，极具重庆本土特色。

**Bottom Surface Analysis 街巷尺度分析**

| 十八梯 | 十八梯 | 厚慈路 | 磁家沟 | 储奇门小巷 |

**Bottom Surface Analysis 底层沿街面活动程度分析**

**Activity Analysis 调查问卷分析**

年龄｜职业｜每天出行次数｜除开工作出行时间点｜出行一次时间
出行方式｜出行内容｜满意程度｜影响步行的因素｜缺少设施

**Construction Quality Analysis 开放空间辐射分析**

现状开放空间｜现状开放空间辐射区域｜预期开放空间辐射区域｜新增开放空间辐射区域｜预期开放空间体系

**Construction Quality Analysis 遗址空间关联分析**

遗址分布点｜遗址空间关联密集区｜遗址视觉关联区｜遗址密集区联系｜遗址心理关联区

**Activity Analysis 小巷活动类型分析**

十八梯段：南端活动十分活跃，多以餐饮、移动摊贩、衣贸为主，人群集聚较明显。由于缺乏较大的开放空间，因此文化休闲活动较少。

解放东路段：解放东路临近居住区，多以生活活动和文化体育活动为主，南侧大部分区，由于商业活动较少，临近文化遗址有较少数人群活动。

望龙门段：由于巷道分布较密集，局部小气候宜人，居民日常活动较频繁，临近湘广会馆部分商业活动较多，以餐饮、娱乐、休憩为主。

**Activity Analysis 调研总结**

安全性　舒适性　愉悦性

**十八梯段**
安全性：大部分巷道造成道路破，安全性较好，少量严重，整体安全性较差，步行安全措施不够。
舒适性：由于古树成荫，局部小气候宜人，整体舒适性较好，但缺少必要的休憩系设施。
愉悦性：步道物丰富多样，路径曲折弯绕，适道之间有较强的通透性。

**解放东路段**
安全性：大部分道路两边拆迁造成道路遗损破，步行标识设施及休憩设施缺。
舒适性：大面积拆迁致步道整体安全性较差，南侧大部分区阳光充足，但缺乏休憩设施予以利用。
愉悦性：拆迁导致人流量较少，除了文化遗址保护外，大面积地段无景观效应，愉悦性较差。

**望龙门段**
安全性：该段邻近居民人流量较大，步道安全性较好。
舒适性：步道内部空间文化丰富，尺度合适，整体小气候宜人，舒适性较好，但缺少休憩设施。
愉悦性：临近湘广及湘寺地段步步道两旁绿物公道景较丰富，步道悠闲性较好，但步道愉悦性较好。

# 城市漫步：山城·步道·低碳

## 小巷故事 Alley Story
重庆渝中半岛天门东线城市步行系统规划设计

佳作奖

064

Comprehensive SWOT Analysis 场地综合SWOT分析

**S**trength

Tip1 气候：基地小巷内部气候宜人，凉爽通风，便于居民游客休憩活动。
Tip2 地形地貌：基地高差较大，由此形成建筑密集群，随形小巷高差变化丰富，造就丰富的观览体验。
Tip3 街巷空间：基地小巷内部空间丰富多样，尺度宜人，造就打造更富趣味性、生活性的小巷景观。
Tip4 植被空间：基地小巷内部保留较多古木、树荫成群，为创造宜人的整体环境提供良好的条件。
Tip5 历史文化：基地内部存在大量文化遗迹，保存较完整。为卓越各个街巷提供了线索，同时使街巷路线更具文化特色。

**W**eakness

Tip1 地势高差较大：基地内大部分巷道坡度较陡，缺乏必要的安全服务设施，不利于老人、儿童的步行。
Tip2 建筑破损严重：由于使用年限长造成部分建筑损坏严重，大片区亟待拆迁，对于巷道原有的空间机理。
Tip3 巷道连通性差：基地横向车行道与纵向巷道连接较弱，缺乏步行指示系统，为游览造成很多不便。

**T**hreaten

Tip1 山地步道系统：基于重庆特有的山地地形，创造丰富多变的立体步道系统成为此次步行系统规划的一大挑战。
Tip2 轨道系统连接：基地内新型城市步行系统，更需连接城市公交系统、轨道系统相互串联成有机的整体。
Tip3 文化遗址保护：如何运用步道将沿线的历史文化遗址相互串联起来，营造更具重庆特色的步道系统是本次规划的主要任务。

**O**pportunity

Tip1 倡导低碳出行：低碳出行理念很大程度上鼓励和促进了人们选择步行出行。

Found The Problem 提出问题

Question：如何让拆剩都在车车与噪聒中的小巷子找回昔苏旧日的生机活力？？？

他们心中的小巷故事

回忆：新鲜米米油盐的味道
休憩：门前休憩的黄昏时刻
守望：儿女每天奔走的小巷

伙伴：上学路上的嬉戏打闹
游戏：黄昏小巷里欢声笑语

童年：那些年听过远的小巷
家乡：那些通往家乡的小巷
追溯：牵着父母的手的小巷

小巷故事

曾经生机盎然的街巷生活氛围已逐渐被人们遗忘，人与人的距离，人与自然的距离，人与社会的距离离离越来越远。因此，如何在现在，改变对步行价值的认识，利用丰富的传统街巷空间资源，加入新的城市游憩元素，唤醒人们小巷子与人间的归属感，找寻昔者凋的那众风貌，在展示传统小巷故事资源的同时注入新的时代活力，你留街巷活力是我对此次规划的主要目标和任务。

Idea Generation 概念生成

旧街巷文化意象 ＋ 新城市游憩意象

寻找传统小巷的故事意象元素，包括空间、业态、人群、文化等方面。在尊重其存在的物理基础上，提取其精髓。同时，如何在现代城市的游憩意象出发，找寻昔者凋的那众风貌，在展示传统小巷故事资源的同时注入新的时代活力，使得小巷故事在新中延续和传承。

## Planning Strategies Analysis 规划策略分析

### 步道系统规划分析

以文物古迹点为中心线，向四周辐射一定范围的空间，以作为小巷子长承载体。因此，公共空间不拘泥有一般的功能布局，多层次多功能的公共空间等，使得小巷故事得到充分的展示和表现。

### 公共空间规划分析

以文物古迹点为中心线，向四周辐射一定范围的空间，以作为小巷子长承载体。因此，公共空间不拘泥有一般的功能布局，多层次多功能的公共空间等，使得小巷故事得到充分的展示和表现。

植物弱化法减小高差

通过在建筑间的灰空间栽植植物，以缓解较大的体量高差。
缩短平台法减小高差

通过在大梯道间增加平台的方法，缩短大梯道给人的压迫感，同时打开南海线，以增加人们在其中的活动频率。

高差弱化法减小高差

通过弱化高差使得小场地内高差适合人的活动与休闲活动。
植物强化法增大高差

通过在建筑间的灰空间栽植植物，以增加场地间高差的对比，丰富场地变化的风格。

## Planning Strategies Analysis 规划布局分析

整体规划以"一街"、"五巷"、"五门"、"四场"展开。
十八巷：商业核心街道，通过历史真实故事串联，线串东西向街区，同时，串集民生民情，使真实的故事串联成一体。

文化生活型：是重庆市民生活氛围，通过对小场地的改造，焕发出新的活力，为居民中带去愉快的生活体验。
历史型：是游客，主要在于展示山城特色的衬街和生活化。
休闲型：主要呈现历史文化场地服务主体。
景观门小巷：游客游乐为主。主要在于展示山城特色休憩互动交流。
文化门，双门了、太平门门场，即为小巷子的历史文化的重点。从而，又构成了看得与道口红的商业。

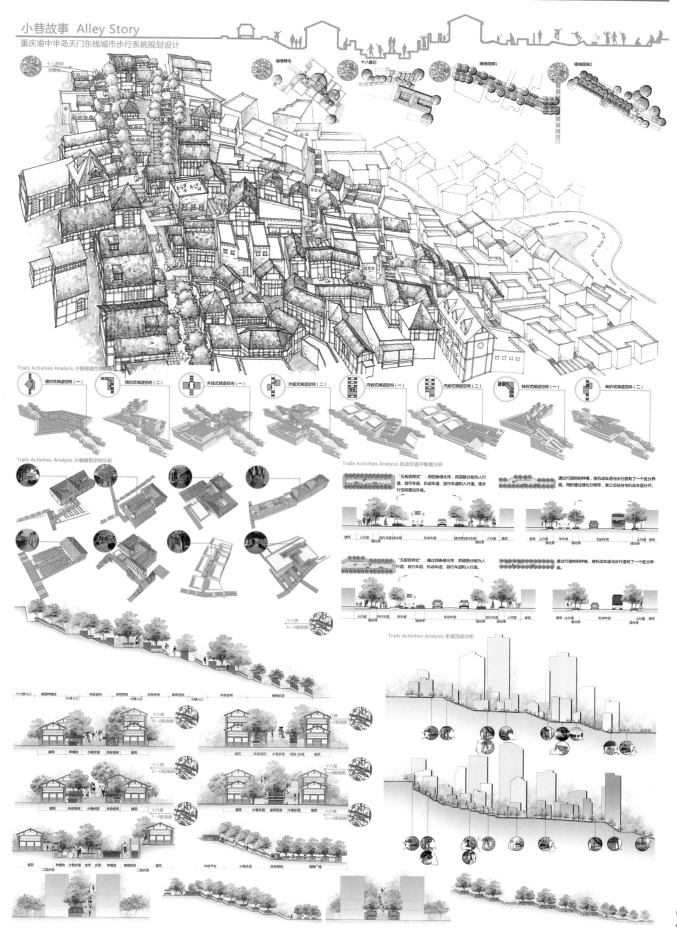

小巷故事 Alley Story
重庆渝中半岛天门东线城市步行系统规划设计

Trails Activities Analysis 小巷梯道空间分析

错位式梯道空间（一）　错位式梯道空间（二）　外延式梯道空间（一）　外延式梯道空间（二）　内嵌式梯道空间（一）　内嵌式梯道空间（二）　转折式梯道空间（一）　转折式梯道空间（二）

Trails Activities Analysis 小巷建筑空间分析

Trails Activities Analysis 机动车道平断面分析

Trails Activities Analysis 步道活动分析

# 线性回归——渝中半岛石板坡地块慢行系统规划设计

**重庆师范大学**

**指导教师** 冯维波 吴勇　　**组员** 黄晓倩 梁振杰 蔡瑾 王玥 武育竹

**设计工作情况说明：**
　　我们首先走访了已规划的山城步道，在感受之余仔细揣摩设计者的构思，从线路的选择到步道上每一处设施的人性化，无不体现设计者的细心。在走访山城步道后，小组召开了会议，组员们纷纷讲述自己对山城步道最直观的感受，我们先站在一个使用者的角度，而非设计者的角度，对已建成的山城步道上的一些设施（包括扶手、座椅、游憩的空间）进行了考察。这次讨论为日后的主要设计思路奠定了基础。
　　在形成了初步的方案后，我们及时与老师进行了深入的交流，老师也指出了我们一些地方的不足，并指明继续深入的方向。
　　在此基础上，我们进行了第二次场地调研，开始深入基地内部，对现有步道进行考察，观察步道的方位、设施、行人及发生的活动等，并与规划好的山城步道进行比较，场地内使用较高的设施则保留，不足之处则进一步改进。我们还对步道上的行人进行了抽访，询问他们对于步道的感受及自身对步道更高层次的需求等。我们将访谈得来的信息——记录，并在此基础上形成二草方案，指导老师也根据我们的二草方案进一步提出建议。
　　考虑到场地内部的功能以通勤为主，而适宜于身心健康的游憩功能却被忽略，给居民的生活带来不便。我们在听取老师建议的基础上在场地内增加了一些游憩空间并融入具有重庆特色的山地园林要素，使居民在游憩健身活动的同时能有一个优美舒适的环境。
　　最终方案确定以保留场地内步道的通勤功能为主，延续山城步道特有的线性结构，并复兴传统步道所具有的多元化功能。

**指导教师评语：**
　　该设计方案选址在渝中半岛的石板坡区域。渝中半岛是重庆历史久远的山地老城区，而石板坡区域既有传统历史街区——十八梯风貌保护区，也有新建居民区、商业区、学校和公园，该区有着发达的街巷步行系统。因此，选此地域作为研究对象，具有更新与发展山城慢行系统的典型的示范意义，也为山城低碳生态的交通模式发展提供了有益的探索。
　　设计小组充分利用自身地处重庆的本地优势，对渝中区石板坡区域及其周边地域进行十分详尽的调研分析，包括基地现状步行系统的环境、街巷空间肌理、现状土地使用功能、综合交通流线、通道和节点的人行流量和轨迹、当地居民的出行目的和对慢行环境的诉求等，并梳理了当地历史传统街巷空间承载的多元功能和多重价值，据此分析当前慢行系统存在的各种问题、提出以"多元功能线性回归"为主题的设计目标，形成四个主题为重点的设计方案，包括：慢行系统与生活、特色要素的紧密结合；慢行系统与机动化公共交通的高效衔接；慢行系统通道网络化和慢行环境的安全化。以期倡导低碳交通的回归、休闲娱乐的回归、交往文化的回归和健身康体的回归。
　　设计小组总体上设计思路明确、逻辑结构清晰，提出的更新改造策略切合实际和当地居民的总体诉求吻合，可操作性强。但设计方案在总平面布局和图面表达、慢行环境的细部设计等方面还有待提高。

**参赛者感言：**
　　这次竞赛是我们大学里参加的第一个竞赛，无论对于设计能力还是同学之间的默契配合都是一个不小的挑战。能够参加这个比赛本身就是一种荣幸，能够在现场聆听专家们的讲座更是一次不可多得的体验。
　　两个多月的设计时间下来，小组的每一个成员都在各个方面取得了一定的进步，包括低碳、慢行方面的知识与组员间的配合能力等。虽然最后时间匆忙，正图最后难免会有一些瑕疵，但这不会影响这次竞赛带给我们的巨大的收获。我们也期待能够早日学习到其他组优秀的作品。

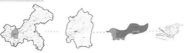

# 线性回归——渝中半岛石板坡地块慢行系统规划设计
01

## 区域背景分析

### 区位

渝中半岛作为主城中心，公园、水陆交通堪称全市首为完善的区域，也是轻轨最早投入使用的区域。即便是拥有如此顶级的交通网络，渝中畅通工程仍然成为首选站点之处，渝中半岛于重庆的重要地位不言而喻。

作为山地城市的代表，重庆城市交通的出行方式中，步行成为最主要的方式之一，以拥有悠久历史的重庆城市发源地渝中半岛为例，经过调查显示有步行出行的占市民出行的50%左右。在重庆尤其是城市中心地区建设步行交通系统有得天独厚的优势：首先，传统城市肌理留下的丰富街巷体系；其二，丰富的高低变化的地形特征；其三，步行在重庆是符合市民传统生活习惯的出行方式；其四，多元的历史文化遗存增加了步行的吸引力。

渝中半岛步行街巷空间

## 现状及场地特征分析

石板坡地块位于渝中半岛的西南方向，东侧为十八梯风貌保护区，西侧为黄花园立交桥，南侧为长江，北侧为较场口商业中心。地块位于重庆重要商圈——解放碑辐射圈边缘，商业、人流潜力巨大。

建筑高度现状分析　建筑质景现状分析

建筑功能现状分析　交通流线现状分析

人流现状分析图　地段出入口及行人流线分析图

交通：场地内以步行梯道为主，上下联系便捷，但方向感不强，东南向支路使用率不高，大部分用作停车。立交桥下的大型停车场使用率低。

建筑质量：场地内建筑质量属中等偏上，快速路务有一定面积的破旧瓦房，有待更新。

建筑高度：场地内以高层住宅为主。

## 设计策略探讨

### 关于步道的线性结构

### 山地城市的线性结构：以十八梯地区为例

山地城市是沿着山城步道线性生长起来的，承载着居民的交往、交通、生活功能。

老重庆城分为上半城和下半城，十八梯位于渝中区较场口，是从上半城（山顶）通到下半城（山脚）的一条老街道。老街道周围居住着大量普通老百姓，街上散发着浓浓的非市气息。掏耳朵的、修脚的、做木工的、做裁缝的、卖烧饼的、卖针线、打麻将的，还有山城离不了的棒棒军，散布在各处。

交往　商业　通行　生活

在步道内交叉多的地方增加交往平台，在空间不足的地方以踏步椅代替

沿街商业以零售、摆版为主，门店前的灰空间是人们进行商业活动的地方。

线性步道空间传统的通行功能。

生活设施将生活的私密性与步道的公共性模糊化，不仅增加了步道空间的活力，也增加了交往行为发生的几率。

以线性要素串联的生活领域

## 未来渝中半岛步行网络
文化和娱乐 第一步道
市民生活和学校 第三步道
商业和游乐 第二步道

### 与交通工具的连接

渝中半岛的整体公共交通网络非常发达，但是调查显示不同类型的交通工具之间的整合——公共汽车、地铁和步行——确十分缺乏。步道一和3的中心部位在3分钟步行距离内均没有车站；步道的车站设置良好，都在步行距离内。慢行系统与公共交通的结合也成为此次设计重点考虑的问题之一。

公交主要站点　轨道站点

## 步行网络与生活、特色要素的结合

以现状建成的一、二、三步道为例，步道一、二、三经过了几乎所有重要的目的地和许多渝中区的公共中心。步道1经过了多个重要场所，包括人民广场（市内最大广场，举办过多重活动），还有青年宫、文化宫，枇杷山公园（俯瞰整个城市和两江）。步道2经过了洪崖洞吊脚楼和滨江公园这些历史古迹，同时还经过市内最大的购物和步行街、美丽的花朵以及最有名的俱乐部酒吧街区。

与步道2相比，步道3比较本地化，经过住宅区和相关基础设施，如枇杷山公园、中山医院、巴蜀小学和巴蜀高中等地，始于大溪沟地铁站，这是该区的主要交通点，同时也是1号路线的起点。

## 现状慢行环境分析

## 结论

场地内步行网络已初步经形成，步道的使用人群以居民为主，第三步道有少量游客；但步道功能过于单一，现状步道以通勤为主，第三步道以观景为主，人们除了通勤和观景外，无法开展其他活动，某些步道的空间结构单一，容易让人乏味。同时，场地内缺乏一定的休闲、游憩、锻炼、绿化空间，也缺乏和滨江公园的联系。

目标：1、强化现有步道功能。2、增加新的步道功能。3、增加游憩空间，并与步道整合。4、增强与滨江公园联系

## 山地园林要素的引入：以重庆鹅岭礼园为例

礼园是重庆鹅岭公园的前身。东部靠佛图关，中部较为平坦，西部为园内最高点，紧邻重庆城区。可远眺万家灯火，中部景区由入口前导空间和内花园组成。璎碧轩和紫藤园架位于前导空间处，楼前的观景台可鸟瞰远景，园东部的后花园布局随意，开敞的草坪与幽闭的林木形成明显的空间对比。西部花园就势而建，在高处建亭台楼阁，低洼处建筑池蓄水。高低错落有致。

园中主要的景观除红荷池外，都集中在制高点或北侧崖壁，都是可远观山、城、水交融之壮丽景色之处，将借景（远借、邻借、仰借）手法发挥得淋漓尽致。

## 慢行系统

场所（慢行空间）　活动（慢行行为）　人（慢行主体）

点　线　面　通勤　交往　锻炼与健身　休闲观光　购物　避难　居民　游客

山城步道的线性结构+多样化的步道功能+山地园林要素

佳作奖

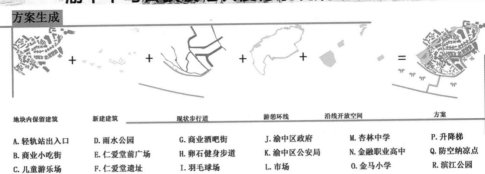

# 线性回归——渝中半岛石板坡地块慢行系统规划设计

02

## 设计说明

　　设计地块位于渝中半岛西南部的石板坡地块内。基地内拥有一定的慢行基础，但发育不够完善，通过性行人的比例较大，缺乏一定数量的公共空间。本方案从步行的需求出发，以增加多样化的步道功能为目的，在原先步道的功能上增加健身、休闲游憩、绿化等功能，在原有的环境下进行改造，并结合山地园林要素进行设计，给居民营造出一个良好的慢行环境。

## 方案生成

| 地块内保留建筑 | 新建建筑 | 现状步行道 | 游憩环线 | 沿线开放空间 | 方案 |
|---|---|---|---|---|---|
| A. 轻轨站出入口 | D. 雨水公园 | G. 商业酒吧街 | J. 渝中区政府 | M. 杏林中学 | P. 升降梯 |
| B. 商业小吃街 | E. 仁爱堂前广场 | H. 卵石健身步道 | K. 渝中区公安局 | N. 金融职业高中 | Q. 防空纳凉点 |
| C. 儿童游乐场 | F. 仁爱堂遗址 | I. 羽毛球场 | L. 市场 | O. 金马小学 | R. 滨江公园 |

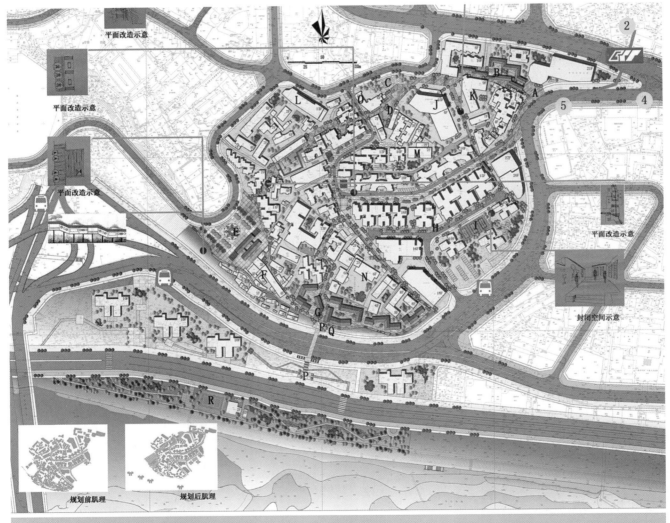

平面改造示意

平面改造示意

平面改造示意

平面改造示意

封闭空间示意

规划前肌理　　　规划后肌理

慢行结构分析图　　步道功能分析图　　与公共交通的联系　　交通流线分析图　　景观分析图

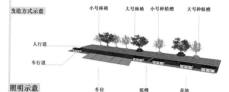

# 线性回归——渝中半岛石板坡地块慢行系统规划设计

**03**

## 方案介绍　线性步道功能的回归

**通行、商业的回归（必须性通过）**

通过对路面的改造，减小车行空间，增大步行空间，并引入照明系统，将照明系统与绿化、座椅结合，让行人在夜晚也能安全行走。主干路连通市场与轻轨站，并保留道路两旁的底层商业。

**娱乐、休闲的回归（选择性通过）**

在小学的旁边设置游乐场，供本地居民及学生使用。结合地铁站人流设置商业街，利用爬山廊消化场地的高差，利用高差设置跌水景观。增强滨江公园的可达性。

**交往、文化的回归（选择性通过）**

结合仁爱堂遗址在制高点处设置文化展览馆，唤醒人们的文化记忆，并在展览馆前广场设置座椅与观景平台。住宅楼前平台设置座椅、小品，以增进人们的交往、停留空间。增设过街天桥及升降梯，方便人们到达滨江公园及纳凉地点。

**锻炼的回归（选择性通过）**

人们在步道上的行走本身就是一种锻炼，为了使锻炼的内容更加丰富，在原先步道的基础上加入卵石元素，并增设羽毛球场。

## 机动车交通及步行环境改造模式

规划保留车行道的机动车交通功能，但将路幅减小，只限单辆车辆通过，采用设置驼峰的形式以限制行车速度，同时根据现状设置泊车位解决静态交通。减小的路幅用以扩充现状人行道的不足。

改造方式示意

照明示意

在人行道上，每一棵树的周围都安装一个圆形种植槽，这些种植槽可以充当座椅，花盆。步道的照明设计是使空间在人流量大的夜晚更加安全、美观的一个主要考虑因素。花槽内的多向聚光灯既可作为基本的步道照明，也可以在照射到植物时产生剧场般的效果。

休闲的回归　　锻炼的回归　　交往的回归　　娱乐的回归

节点透视1

节点透视2

节点透视3

节点透视4

环形游憩道空间收放示意

与渝中半岛的步行网络衔接

全景鸟瞰

线性步道与建筑的空间组合关系

商业街透视

# 巢穴，漫步——重庆渝中半岛七星岗地区步行系统改造设计

长安大学

**指导教师** 邹亦凡　　**组员** 王善超　胡颖　崔晓菊　许震　金山

**设计工作情况说明：**

1. 基地现状问题研究

1.1　破败的巷道空间逐渐失去活力，由于缺乏发展动力的刺激和长远规划，巷道空间环境逐渐破败，形成了下半城老旧的空间特点。而随着城市发展，越来越多的大体量建筑在不断侵蚀传统的山城巷道，城市空间文化在消亡。

1.2　发达的交通脉络七星岗周边交通脉络较为发达，但是基地内部由于缺乏系统且合理的规划，人行与车行系统混乱，部分组团可达性不高，步道与车道杂乱交错其中，并不适宜人们行走其中，从宏观角度来说，杂乱无章的交通系统阻碍了周边经济向中心发展的趋势。

1.3　凌乱的空间特征由于在修建之初仅仅是出于居住的考虑，基地内部缺乏空间感的聚集和延伸。人们在其中生活缺乏一个能互动交通沟通的空间，降低了邻里之间的亲密程度。使得整个组团并不能形成一个整体。

2. 概念提出分析七星岗地块的综合现状，我们可以利用蚁穴的一些特点来寻找适合的步行系统组织方式。以下是蚁穴的一些特点：

2.1　蚁穴的有良好的可达性。由于城市建设的需要，山城地块分割度明显增高，造成如居民出行便捷性降低、出行安全性降低等一系列问题。蚁穴的构造是有主有次，主通道联接入口，次要通道四通八达，能够便捷的到达巢室、主室、储物空间等。基地已经明显的被分割为东西两个片区，东部已经建起高层，破坏了传统的巷道空间，宜作为主要通道和快速通道。西部建筑低矮，巷道空间还有所保留，并有山城第三步道，应当发挥蚁穴次要通道的效果，杂而不乱，使步行者能够方便到达各处。

2.2　蚁穴是一个整体的系统。在城市规模、空间尺度日益膨胀的背景下，相对固定尺度范围内的步行活动显得无所适从。蚁穴以一个整体而存在，蚂蚁能够在蚁穴范围内完成日常活动。同样，人们在步行范围内也应该能完成日常活动，这就要建立混合功能的社区，而步行系统是联系社区的核心交通系统。从分析城市步行系统的基本构成出发，城市步行系统中交通"散"与功能"聚"的设计原则和"紧凑疏散"模式，可以有效提高区域内可达性并降低地块破碎度。

3. 规划方案

3.1　整体理念。本设计以蚁穴的组织形式为灵感组织步道，有主有次，南北链接，希望为在此居住的市民提供一个步行范围内的生态、低碳、舒适的空间。步道形式有传统步行道、立体步行道、与建筑结合的公共广场等，用多层次的交通链接提升地块步行活力，提高可识别性，促进社区邻里关系。

3.2　设计结构。以"一带，一环、三轴、四节点"的交通结构，将整个交通系统有机组织起来。

"一带"指滨江步行带，具有丰富的滨江景观的塑造、立体化的交通空间。

"一环"指连接东西两地块的主要步行轴线，轴线与车行道交接的地方进行了人性化的处理。

"三轴"包括滨江步行轴、特色山城步道、现代立体交通轴。

"四节点"指在步行道的入口空间、换乘节点设置的一些公共开敞活动空间，供市民休闲娱乐。

**指导教师评语：**

学生设计紧扣蚁巢、人车平等、可达性、紧凑疏散四个关键词，分析"山城"重庆因其独特的地理特色，慢行系统十分发达并且富有特色。本设计以重庆中心城区的真实地块为设计对象，通过实地踏勘，综合分析空间结构、土地功能与交通系统的关系，城市生活与城市空间的发展脉络，慢行交通与机动交通的矛盾，提出慢行空间系统的发展图景。

**参赛者感言：**

设计不仅是一次艺术的自我旅行，更不是一种销售工具，设计源自人类变化着的各种需求做出智慧的、敏感的、富于创造性的有力回应，并与传统文化、社会经济、自然环境达到有机统一。

对规划师而言，设计是表达内化为自身感受的公众需求，是蕴涵于方案之中服务于其需求的内在价值。

通过本次设计我们小组深入探寻了关于蚁巢的秘密，学习了解决立体交通通行的方法，并在老师的指导下完成了关于混合社区相关知识的学习。韬慢则不能研精，险躁则不能理性。心沉气定，才能做出好的规划设计。

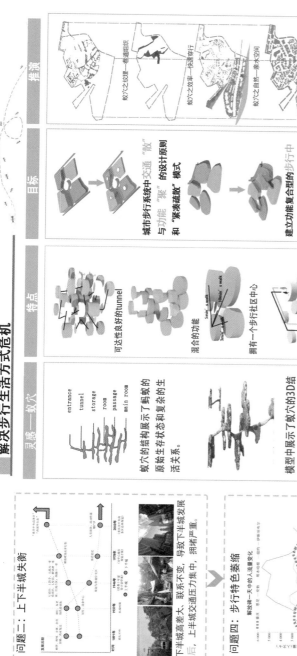

## 解决步行生活方式危机

### 灵感——蚁穴

entrance
tunnel
storage
passage
main room

蚁穴的结构展示了蚂蚁的原始生存状态和复杂的生活关系。

模型中展示了蚁穴的3D结构和功能区，反映了蚂蚁的原始的生存状态。

### 特点

可达性良好的 tunnel

混合的功能

拥有一个步行社区中心

拥有步行需求和需求末点

### 目标

城市步行系统中交通"散"与功能"聚"的设计原则和"紧凑疏散"模式

建立功能复合型的步行中心，提供多样性步行活动的场所支持，从而使步行中心真正成为城市的活跃元。

### 推演

蚁穴之纹理——巷道组织
蚁穴之效率——快速穿行
蚁穴之聚——主厅
蚁穴之自然——剩余空间
蚁穴之原系——现存建筑

## MIXED FUNCTIONS IN PEDESTRIAN SYSTEM

| Mountain | Mixed Community | River |
| Mountain | Pedestrian | River |
| Mountain | Pedestrian | River |

水体　绿化　公共空间　行人　商业空间

混合的社区空间将为居民提供丰富的诸如居住、社交活动、购物活动等各种公共生活功能，因此，这种生活社区将会被欢迎。

## 步行系统的普遍问题

### 问题一：职住失衡带来交通潮汐

1号线早 7:00-9:00 站点上下客数

3000
2500
2000
1500
1000
500

上客　下客

上班高峰期进入渝中半岛的人数比出来的多，车行需求量激增。

### 问题三：车行交通争夺城市资源

机动车保有量（万辆）

70
60
50
40
30
20
10
0

1998 1999 2000 2001 2002 2003 2004 2005 2006 2007 2008 2009

More cars, More streets

步行交通在城市发展中处于弱势地位，传统的步行出行方式和特巷空间被挤压。

### 问题二：上下半城失衡

1891年　1927年　1940年　1979年　2000年

上下半城高差大，联系不变，导致下半城发展落后，上半城交通压力集中，拥堵严重。

### 问题四：步行特色萎缩

解放碑一天中的人流变化

渝中半岛虽然有良好的步行文化，却在发展中越来越缺失特色展现与整合。

破败步行环境
消极步行界面
独立邻里关系
车行尺度积霸
城市内涵缺失
交通问题严重

理想

绿化分布
人行道
机动车道
建筑用途
建造年代
建设密度

佳作奖

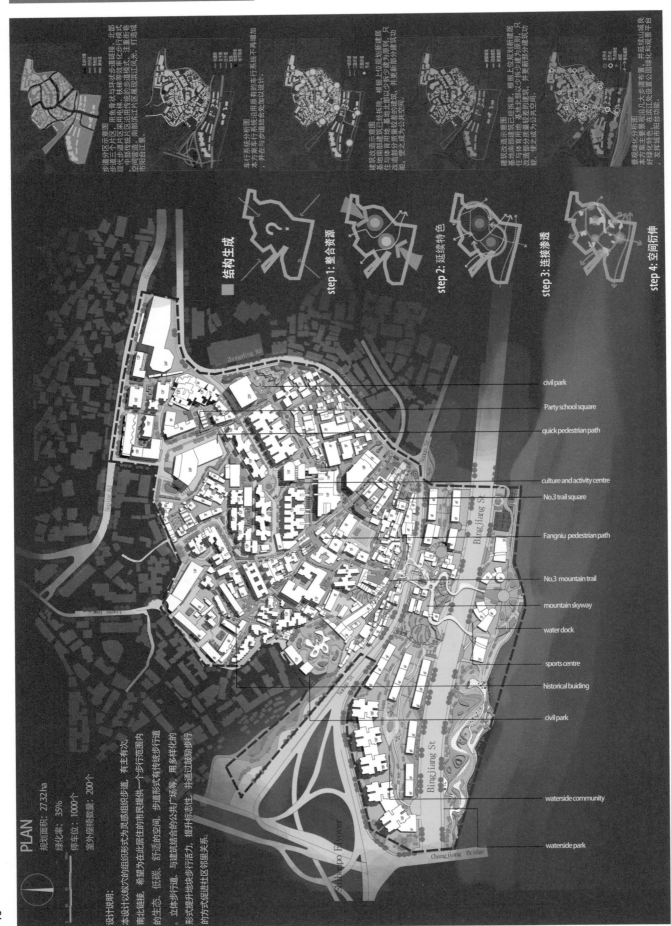

step 1: 整合资源

step 2: 延续特色

step 3: 连接渗透

step 4: 空间衍伸

■ 结构生成

步道分区示意图
步道计以此次的组织形式为灵感组织步道，有主有次，南北链接，希望为在此居住的市民提供一个步行范围内的生态、低碳、舒适的空间，步道形式有传统步行道、立体步行道，与建筑结合的公共广场等，用多样化的形式提升城市地步行活力，提升标志性，并通过鼓励步行的方式促进社区邻里关系。

步道系统分析图
现代步道与整体环境相关联，北部用电梯、扶梯等绿化步行链接，中部用传统片区采用传统街巷式空间管理，南部临江片区展现滨江风光，打造城市阳台活力工程。

车行系统分析图
本方案沿用原有的车行系统不再增加，并在车行道道各处加以设计。

建筑改造示意图
基地南部健康窑已经拆除，根据上位规划新建住宅区。基地北部以拆少建为原则，只改造部分质量较差的建筑，使之成为公共空间。

建筑改造示意图
基地南部健康窑已经拆除，根据上位规划新建住宅区。基地北部以拆少建为原则，只改造部分质量较差的建筑，使更新部分建筑功能，使之成为公共空间。

景观绿化分析图
本方案主要呈现几大步道布置，并延续山城良好绿化在此处设置公园绿化和观景平台发挥城市阳台功能。

Zhongding Rd

Bayue Rd

Yiniu St

Bingjiang St

Gau St

Linshan Rd

Bingjiang St

ShiDaopo Flyover

ChongJiang Bridge

- civil park
- Party school square
- quick pedestrian path
- culture and activity centre
- No.3 trail square
- Fangniu pedestrian path
- No.3 mountain trail
- mountain skyway
- water dock
- sports centre
- historical buiding
- civil park
- waterside community
- waterside park

## PLAN

规划面积：2732 ha
绿化率：35%
停车位：1000个
室外座椅数量：200个

设计说明：
本设计以此次的组织形式为灵感组织步道，有主有次，南北链接，希望为在此居住的市民提供一个步行范围内的生态、低碳、舒适的空间，步道形式有传统步行道、立体步行道，与建筑结合的公共广场等，用多样化的形式提升城市地步行活力，提升标志性，并通过鼓励步行的方式促进社区邻里关系。

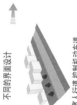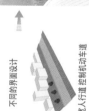

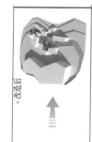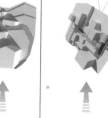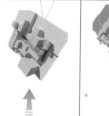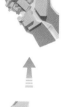

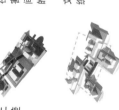

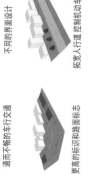

# 交通组织与空间构成

## >>1.步行交通组织

线性交通组织：
重庆山地的地形特色决定了步行系统在数值高度上主要采用立体式的交通，线性的交通联系了上下高差地块，并且形成了交往性的积极空间。

网状交通组织：
交通呈网状交织，有利于联系各个地块加强联系，整合地块的破碎度，实现交通循环。

建筑改造细节：

| | | |
|---|---|---|
| 基地位置 | 入口街巷 | 改造前 → 改造后 |
| 基地位置 | 中部里坊区 | |
| 基地位置 | 传统休闲区 | |

## >>2.公共空间模式——构筑物和通道

在北部，很多高耸的塔楼被建设以解决居住问题。所以公共空间被侵占的很厉害。因此，我们在设计中创新地引入"建筑—通道"概念，来平衡居住空间和公共空间。这种公共空间既能增强社区活力，又能解决垂直交通给出行者带来的不便。

文化活动中心是作为社区的主要节点设计的，承担社区内的文化休闲活动的组织、举办等职能。

coming to more private space
进入更私人的空间

changing to more public space
进入更公共的空间

Office and Dwelling

Public Space

Commercial and Entertainment

▲ 社区文化活动中心

## 主要开敞空间节点构成

市民文化体验区

山城天梯

亲水公园

市民公园

丰富的景观设计提高了地块整体的宜居性，与步行道的有机结合促进了步行道空间的以及公共活动空间的商业的以及公共活动空间的发展。

## >>3.人车交叉点交通

人车共存在城市中是永远无法避免的，这样的细节甚至是重要的。为保障行人行走环境的安全，我们对交叉口进行详细的细节设计。

通而不畅的车行交通 → 更高的标识和路面标志

不同的界面设计 → 拓宽人行道控制机动车道

# 生态·生长——天门东线地块步道系统规划设计

兰州理工大学

**指导教师** 刘奔腾 张小娟　　**组员** 谢镇峰 李沁鞠 张丽蓉 李婕 李明

**设计工作情况说明：**

一、规划背景分析

1. 规划背景

随着社会的发展，城市中原本充沛的慢行系统受到日益壮大的车行系统的挤压与侵蚀，人们的生活节奏亦随着交通模式而发生由慢节奏到高速率的转变。日益庞大的人口数量、紧缺的城市用地以及高强度的开发建设，使得城市生活环境质量日益下降，城市日益机械化，为使城市恢复原有活力，避免千城一面，建设有特色的生态型城市是城市发展的一种必然，亦是当今时代的主旋律。渝中半岛作为重庆市的中心区，是重庆市行政、商贸、金融、信息中心和水陆客运枢纽，它不仅是建城以来的城址所在地，也是建设最发达的区域，山地城市形态丰富。本次规划设计地块位于渝中半岛，地形特征明显，历史文化遗存较多，但建筑整体风貌较差，交通系统比较混乱，改善其中不足之处，打造特色山城，可以有效提高渝中半岛的城市形象。

2. 区位分析

规划地块位于重庆市渝中半岛东南侧，约有 20 公顷，东侧毗邻长江，西接渝中半岛 CBD，是开埠时期的商业繁荣地带，地理位置优越，具有广阔的发展空间。不足之处是与上半城联系薄弱，没有形成结构完整的可穿越半岛的步行系统。地块内建筑密度高，且建筑老旧，原有的街巷尺度小并且混乱，安全性和舒适性较低。地块中有丰富的历史遗存和许多有趣的空间，还有因地势形成的观景平台，使其别具特色。

二、规划指导思想

规划指导思想

本次规划设计遵循建设"森林重庆"的政策，即"生态优先，绿色兴政"，支持低碳生态生活方式的城市空间及其形态，极力营造有特色且舒适性高、可达性高、安全性高的城市环境。发掘城市慢行空间系统的重要价值和发展图景，实现城市传统街区与现代生活的相互交融，从而促进城市的生态转型。

三、规划用地布局

规划地块总体上分为居住区、商业区及历史文化区三大部分，结合原有步道，形成以一条贯穿东西向的步道为主轴、两条联系上下半城的步道为次轴、七条南北向、一条东西向的步道为辅轴的布局骨架。延续城市肌理，在平面上使城市生态生长。

四、空间与景观组织

在原有景观节点的基础上增添新的景观节点，结合地势的高差起伏和建筑屋顶，同时利用电梯形成垂直交通，在空间上打造九个城市阳台及一条链接空间空中步道，形成结构较完整且可穿越半岛的步行系统，在空间上使城市生态生长。

五、生态与环境保护规划

规划设计中始终贯彻生态优先及可持续的原则，倡导"绿色兴政"的理念，具体体现在：

（1）原有城市肌理的延续，如历史遗存及部分原有步道的保留。

（2）在保留原有绿化植被的基础上，适当进行了增添。

（3）营造有特色的慢行系统，刺激低碳交通的增长，促进城市生态发展。

总体来说，本次设计以生态生长为理念，以营造有特色的慢行交通系统为核心，以原有节点和路网刺激产生新节点，形成新路网的方式，打造一条别具一格的空中步道和完善的地面路网，塑造有特色的低碳生态城市形象。

**参赛者感言：**

漫步在火热的山城，感受到的不是酷暑，而是悄无声息出现在身边的怡人景致，在难忘的旅途中，拾取那些遗忘在城市角落里的记忆碎片，拼贴出一幅幅流失的画面。我们希望在城市发展的同时它们也可以得到传承，遂以生态生长的理念，设计出一种漫而不慢的低碳城市交通，让它们得以链接。

我们十分高兴能够参加这次"西部之光"大学生暑期竞赛。在这个过程中，我们不仅可以将学到的知识运用起来解决问题，而且还可以在老师和同学的帮助下扩展视野、不断进步。当然，我们也意识到要完成一件事情，不但需要优秀的个人能力，而且也需要一种团队合作精神。只有一个强大的团队才能不断挑战困难、战胜困难。这次竞赛让我们怀着一颗质疑的心去看待知识和问题，同时更加激励我们去留意身边的事物。学习是一场永不停息的旅程，我们只有在这个过程中不断充实知识的行囊，才能走得更远更坚实……

# 生态·生长——天门东线地块步道系统规划设计

## 概念生成

漫步在火热的山城，感受到的不是酷暑，而是悄无声息出现在身边的怡人景致。在难忘的旅途中，拾取那些遗忘在城市角落里的记忆碎片，拼贴出一幅流失的画面。我们希望在城市发展的同时它们也可以得到传承，遂以生态生长的理念，设计出一漫而不慢的低碳城市交通，让它们得以链接。

### 区位分析

重庆市位于中国西南地区，是中国西部的重要港口之一，是西部开发的领军城市，也是国家五大中心城市之

渝中半岛是重庆市政府的驻地，大部分位于渝中区，人口逾66万，是连接主城各区的交通要塞。

本次规划地块位于渝中半岛下半城，毗邻长江，因地形高差与上半城形成自然的分隔。

### 破碎的城市历史记忆

A 汪金泰号旧址　B 望龙门　C 明清客栈
D 湖广会馆　E 湖广会馆建筑群　F 巴县街门

### 较完善的的山城步道

渝中半岛规划步道

- 商业活动
- 文化活动
- 等待交通
- 体育运动
- 儿童玩耍
- 坐在咖啡馆上
- 坐在长椅上
- 坐在台阶上
- 站立
- 蹲着
- 其他
- 轨道交通
- 常规公交
- 小汽车
- 步行
- 出租车
- 其他

步道内不同停留活动种类比例　　住区内居民出行方式构成

### 凌乱的基地内部道路

- 城市主干路
- 城市次干路
- 城市支路
- 纯步行街道
- 长江索道

道路交通分析图

## 叶脉生长概念

叶脉激活　　新增激素点　　完善脉络　　形成脉络

叶脉连接规则给道路演变的启示

叶脉连接规则　　已有路网节点逼近过程　　使用广义距离的连接规则　　路网演变示意图

a逼近过程　b最终结果

### 步骤一：四类节点相互作用的路径生长

- 商业吸引元
- 教育吸引元
- 医疗吸引元
- 历史遗存吸引元

节点刺激　　路径生长

下半城的商业发展落后，但历史遗存较多，历史元素渗透到城市空间中，与其他元素相结合，加强了对路网产生的刺激作用，使市民文化生活更丰富，让城市更具内涵。

集中商业

### 步骤二：六类节点相互作用的路径生长

- 商业吸引元
- 教育吸引元
- 医疗吸引元
- 历史遗存吸引元
- 城市阳台吸引元
- 公园绿地吸引元

节点刺激　　路径生长

地块内绿化景观较多，一方面改善了步道的空间环境，另一方面加强了城市生态建设。它们吸引了人群在其周围活动，与商业、历史等元素相互影响，从而刺激路径的生长。

历史遗存

### 步骤三：八类节点相互作用的路径生长

- 商业吸引元
- 教育吸引元
- 医疗吸引元
- 历史遗存吸引元
- 城市阳台吸引元
- 公园绿地吸引元
- 公交站点吸引元
- 轨道交通吸引元

节点刺激　　路径生长

下半城地势高差大，限制了车辆通行，所以公交站点和轨道交通站点的位置对对地块内路网的形成有很大影响，公交站点与各个路径相结合，可提高对公共交通的利用，是实现低碳城市的有效手段。

绿化景观

### 步骤四：九类节点相互作用的路径生长

- 商业吸引元
- 文化吸引元
- 医疗吸引元
- 历史遗存吸引元
- 城市阳台吸引元
- 公园绿地吸引元
- 公交站点吸引元
- 轨道交通吸引元
- 衍生节点

节点刺激　　路径生长

居民行为活动衍生出的节点，满足了他们日常的休闲娱乐，这些衍生节点与其它网络相结合，使这片区域城内路网更复合理且更有特色，实现了城市传统街区文化与现代生活的共生。

教育医疗

## 不同的街巷空间尺度

规划地块内大部分街巷D/H小于1，视觉上较压抑，但因地势高差较大，视觉变化丰富，一定程度上削弱了压抑感。部分街巷由墙面围合，缺乏被监控，安全性较低，同时两旁缺乏配套公共服务设施，街道使用率不高。

街巷尺度分析图

白象街　打箩巷　洪学巷　望龙门　滨江路　芭蕉园
邹容路　白象门　解放路　滨江路　望龙门　下望龙门　解放路

道路横断面分析图

### 思考：

如何保留城市记忆？

如何延续城市肌理？

如何创造活力空间？

生态生长！

储奇门房管所　西三街水产批发市场　重庆化工宾馆　人民公园　白象宾馆　重庆市第一人民医院　长江重庆航道工程局　白象宾馆　湖广会馆　东水门小学　长江

碎片整合

佳作奖

# 生态·生长——天门东线地块步道系统规划设计

## 规划总平面图

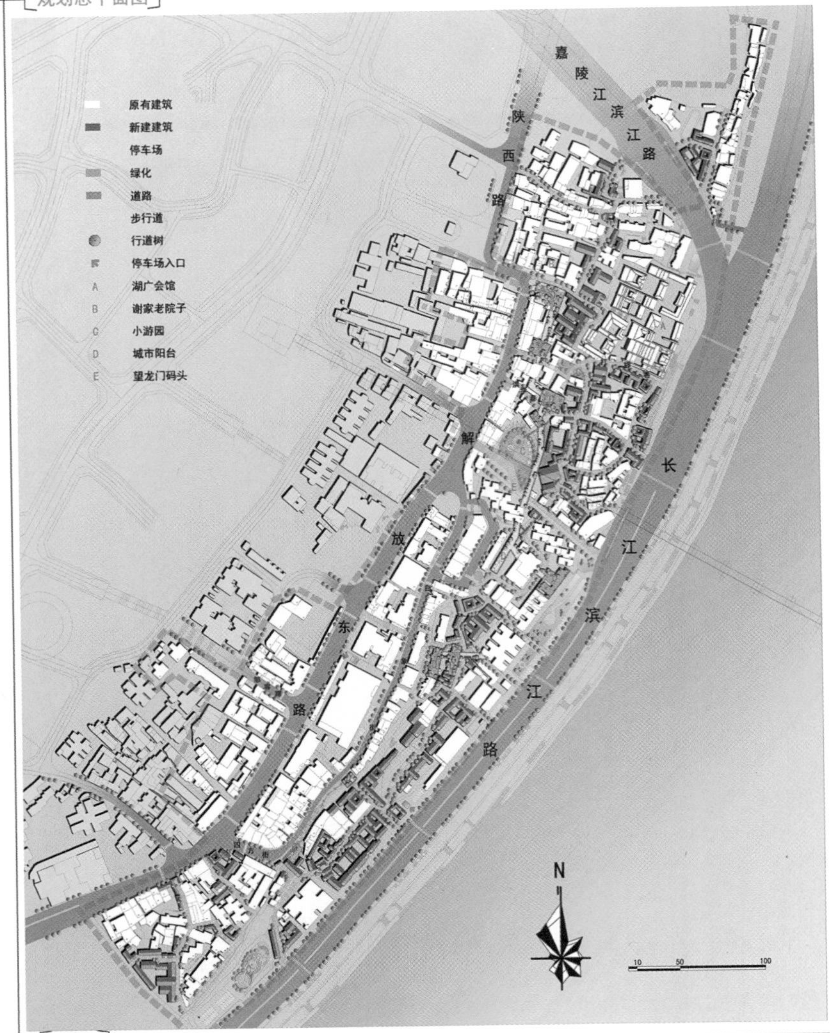

图例：
- 原有建筑
- 新建建筑
- 停车场
- 绿化
- 道路
- 步行道
- 行道树
- 停车场入口
- 步行入口
- A 湖广会馆
- B 谢家老院子
- C 小游园
- D 城市阳台
- E 望龙门码头

（图中标注：嘉陵江滨江路、陕西路、解放东路、长江滨江路等）

## 尊重地理形态

地势高差较大，采用立体交通连接，提高可达性
基地剖面一

地势高差变化小，优化原有步道
基地剖面二

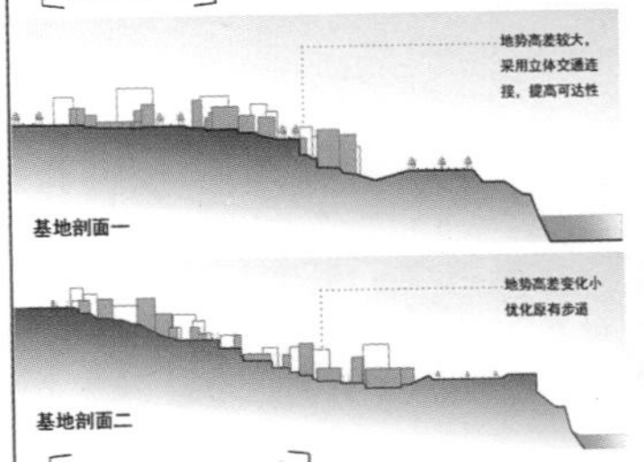

## 节点刺激增强路径活力

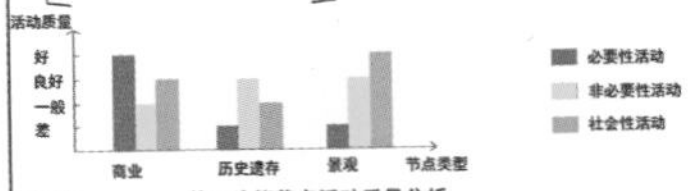

单一功能节点活动质量分析

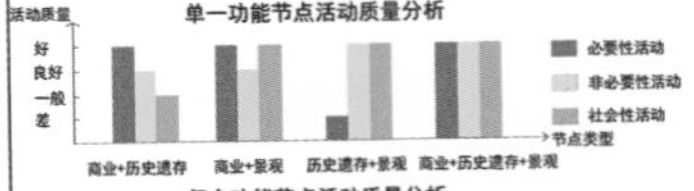

复合功能节点活动质量分析

功能单一的节点活力较差，不能完全满足人们的需求，用规划建设系统的复合功能节点体系来刺激慢行交通体系的形成。

## 生态交通生长过程

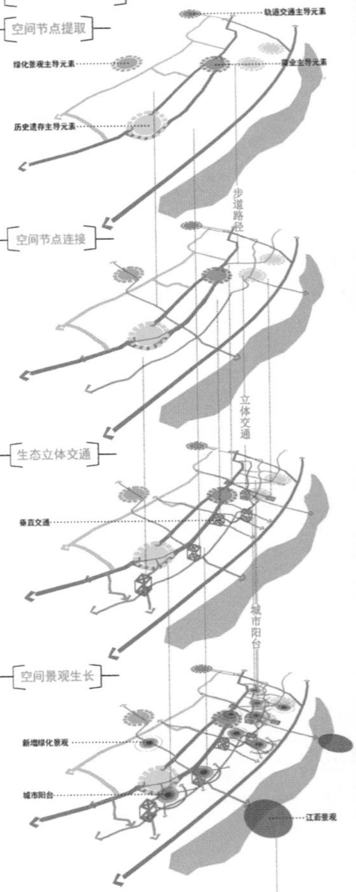

- 空间节点提取
- 空间节点连接
- 生态立体交通
- 空间景观生长
- 交通流线模型

## 规划分析

功能结构分析图  | 车行系统分析图  | 步道系统分析图  | 绿化景观分析图

## 街道尺度演变

城市在不断发展和演变的过程中会留下许多细腻的空间，正是这些空间在延续着城市的传统生活空间。随着城市的发展，这些空间也在不断的演变和有机的生长。

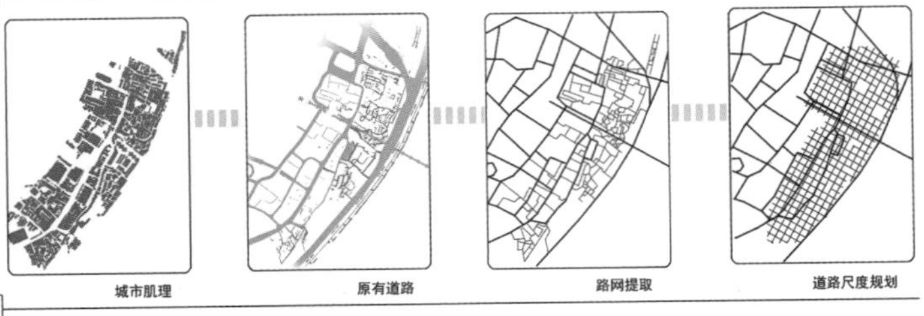

城市肌理 | 原有道路 | 路网提取 | 道路尺度规划

## 引入立体交通

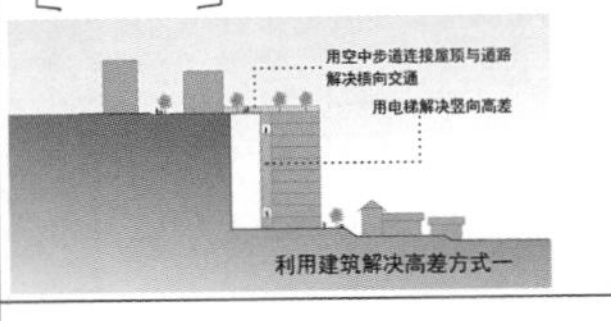

利用建筑解决高差方式一 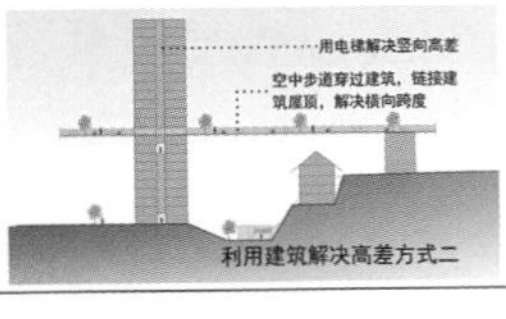 | 利用建筑解决高差方式二 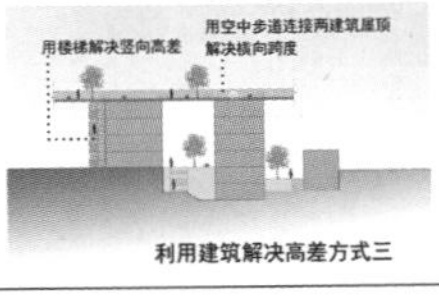 | 利用建筑解决高差方式三

佳作奖

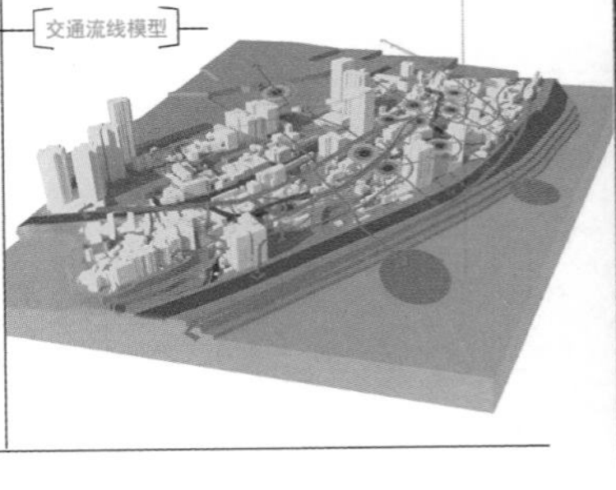

绿色交通

# 生态·生长——天门东线地块步道系统规划设计

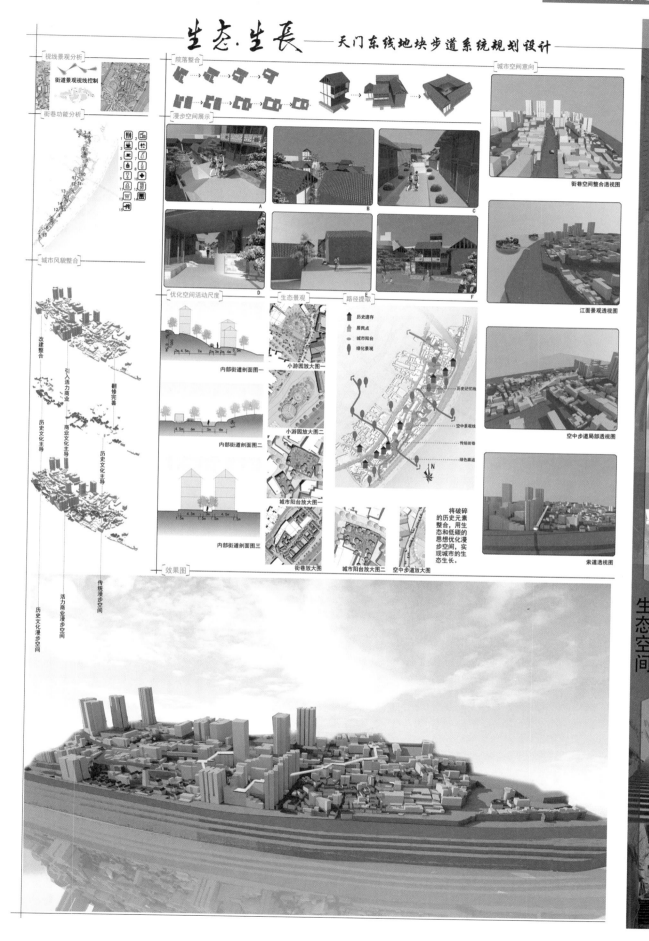

视线景观分析
街道景观视线控制

街巷功能分析

城市风貌整合

改建整合
引入活力商业
翻修完善

历史文化主导
商业文化主导
历史文化主导

院落整合

漫步空间展示

城市空间意向

街巷空间整合透视图

江面景观透视图

空中步道局部透视图

索道透视图

优化空间活动尺度

内部街道剖面图一
内部街道剖面图二
内部街道剖面图三

效果图

生态景观

小游园放大图一
小游园放大图二
城市阳台放大图一

路径提取

历史遗存
居民点
城市阳台
绿化景观

历史记忆线
空中景观线
传统街巷
绿色廊道

将破碎的历史元素整合,用生态和低碳的思想优化漫步空间,实现城市的生态生长。

街巷放大图
城市阳台放大图二
空中步道放大图

历史文化漫步空间
活力商业漫步空间
传统漫步空间

佳作奖

生态空间

# 串廊·串巷·串街

**西安科技大学**

**指导教师** 刘越　邱月　　**组员** 徐盼　赵璐　金鑫　董阳阳

## 设计工作情况说明：

通过实地调研了十八梯的现状，多为低矮的老旧建筑且数量多，街道窄，空间感受不是很好，且整体坡度较大。老旧建筑是老重庆的印记，如果拆除会是重庆文化的一大损失，由此需要我们考虑尽最大可能去保护，并要重新激发十八梯的活力。然后，我们对十八梯的周边进行了分析与考虑，十八梯是老重庆的印记，我们希望能与现代的重庆产生某种联系，从而带动十八梯的发展，改善上下半程的关系。对十八梯的环境分析。十八梯可以说是闹城中的一片净土，对此我们希望保持十八梯的这一特征。十八梯又临近长江，需要我们去合理地利用这样的地理位置优势。

起初我们提出了空中步道的想法，对十八梯达到人车分流，并为人们提供一个不同的视觉感受，对整个重庆，联系上下半程，带动十八梯的发展。存在的问题是会对十八梯的居民带来极大的不便，加之在重庆，空中步道是很常见的形式，没有办法凸显出十八梯的独特性。之后我们对十八梯的民居建筑形式进行了分析与研究，发现我们可以利用民居屋顶进行改造、利用，形成一个屋顶的步道。这样，不仅可以保持了十八梯的街道空间，也可以开发新的步道，并且为十八梯增加了更多的绿化，以及各家各户带来了大面积的半私有空间。

我们对十八梯存在的一些历史建筑的位置进行分析，从而确定屋顶步道的上下入口。绿色的屋顶步道，串联了每条街、巷、廊，给本地居民带来生活上的便利，以及给游客带来别样的感受。我们尝试了十八梯与长江的联系，在一些旧码头做一些步道与长江形成联系。于此，形成较为完整的步行空间。用一种独特的方式感受完老重庆十八梯的街巷空间之后，再领略长江的壮丽胜景而收尾，这才是独特的十八梯，独特的老重庆。

## 指导教师评语：

感谢中国城市规划学会、高等学校城乡规划学科专业指导委员会组织了此次"西部之光"大学生暑期规划设计竞赛，重庆大学的具体实施为竞赛开创了很好的模式。很荣幸能与西部各高校学生同台交流。参加竞赛的过程有助于我们的思考成长，集中感受设计的创造力与能量，以及探寻未来城市的议题和设计的趋势。

支撑设计的关键解在于找到解决问题的切入点，要从发现问题入手。熟悉题目内容和调研基地周围环境是必不可少的，其过程与学生的专业素养和价值观有很大的关系。在解决问题的策略上，学生曾经纠结于实事求是与浪漫幻想两个极端灵感，务实性和概念性的态度往往不能很好的兼顾。经过不断地思考和取舍，综合考虑了居住、交通、历史和游览等诸多因素，屋顶平台步道的想法是相对折中的结果。实际操作中，学生不断丰富个人的生活体验，才能在设计的尺度和细节上层层深入。图纸内容丰富，表达清晰，蓝灰的调子很舒朗。尤其是图面所呈现的渲染和效果图的表现能力，对于一群刚完成大三课程的学生来说，是非常值得肯定的。

设计竞赛的意义重大，应该鼓励学生多参加竞赛。协助学生参加竞赛的过程使我们再一次审视我校现行人才培养方案的编制，可以提高设计竞赛教学的分量，例如：课程设计部分环节适应竞赛的节奏，开设选修学分的课程，提供短期作业的空间，组织专题讲座等。在辅助教学方面，制造更多的机会与业界规划师接触，甚至参与实际工程竞标，辅助学生报名、调研、资料以及出图的费用。校方表达出积极的态度，才能激励学生更好地完成竞赛作品，带动更多的人关注竞赛。

## 参赛者感言：

在本次设计过程中，我们团队一起思考如何解决场地存在的问题，处理保护与开发空间的矛盾关系。我们提出了三个方案并不断地推敲，最终将三个方案的优点尽可能整合，对存在的问题进行优化。我们整个团队从刚开始的找寻突破口到最终的成果，离不开指导老师们的点拨以及整个团队的合作，每个成员的尽心尽力。我们想这也是本次参加竞赛的最大的收获。

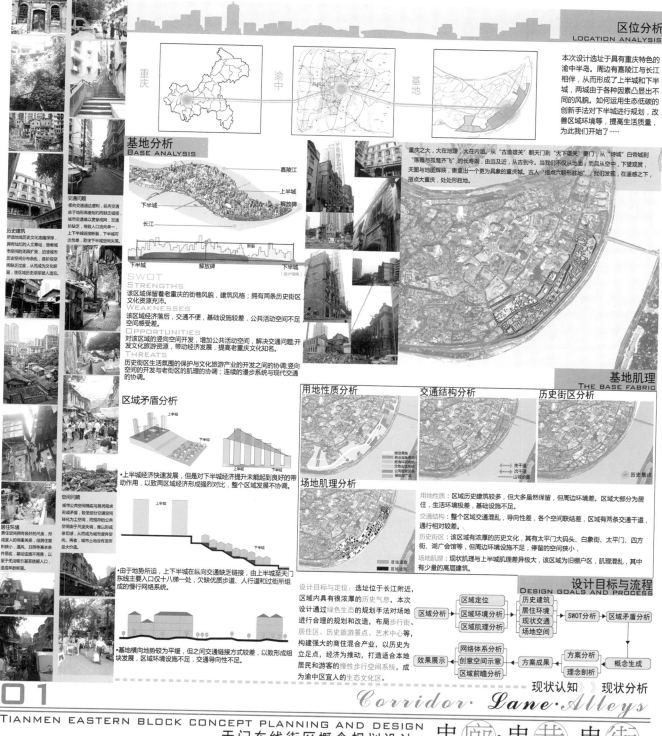

## 区位分析
### LOCATION ANALYSIS

本次设计选址于具有重庆特色的渝中半岛。周边有嘉陵江与长江相伴，从而形成了上半城和下半城，两城由于各种因素凸显出不同的风貌。如何运用生态低碳的创新手法对下半城进行规划，改善区域环境等，提高生活质量，为此我们开始了……

重庆　渝中　基地

### 基地分析
### BASE ANALYSIS

嘉陵江
上半城
解放碑
下半城
长江

下半城　解放碑　下半城（设计场地）

重庆之大，大在地理，大在内涵。从"古渝雄关"朝天门到"天下雄关"夔门，从"诗城"白帝城到"落霞与孤鹜齐飞"的长寿湖，由远及近，从古到今。当我们不仅从地面，而且从空中，下望城市，天图与地图辉映，衡量出一个更为具象的重庆城。古人"指点六朝形胜地"，我们发现，在遥感之下，指点大重庆，处处形胜地。

#### 交通问题
横向交通通达便利，纵向交通由于地形高差制约而缺乏链接。城市交通通达过穿成网，交通的缺乏，导致人口流向单一。上半城越加繁荣，下半城可达性差，致使下半城空间丧失。

#### 历史建筑
所造地域历史文化底蕴深厚，拥有着城的人文精神，随着城市空间的无限扩展，边缘城市历史空间分布渐无，各阶段空间缺失过度，从而成为文化所累，使区域历史渐新扑人造型。

### SWOT
#### STRENGTHS
该区域保留着老重庆的街巷风貌，建筑风格；拥有两条历史街区文化资源充沛。
#### WEAKNESSES
该区域经济落后，交通不便，基础设施较差，公共活动空间不足空间感受差。
#### OPPORTUNITIES
对该区域的竖向空间开发，增加公共活动空间，解决交通问题；开发文化旅游资源，带动经济发展，提高老重庆文化知名。
#### THREATS
历史街区生活氛围的保护与文化旅游产业的开发之间的协调；竖向空间的开发与老街区的肌理的协调；连续的漫步系统与现代交通的协调。

### 区域矛盾分析

上半城　下半城

• 上半城经济快速发展，但是对下半城经济提升并未能起到良好的带动作用，以致两区域经济形成强烈对比，整个区域发展不协调。

上半城　下半城

• 由于地势所迫，上下半城在纵向交通缺乏链接，由上半城至天门东线主要入口仅十八梯一处，欠缺优质步道、人行道和过街所组成的慢行网络系统。

#### 空间问题
城市公共空间确实与居民需求形成矛盾，致使部分交通空间转化为工空间，所谓尹的公共空间由于尺度失衡，难以形成承切语，从而成为城市废弃空间。再者，城市土地没有发挥最大价值。

#### 居住环境
居住空间拥有良好的尺度，形成宜人的邻里关系，但是居住空间尺度失衡，容积率偏小，通风、日照等基本条件较差，基础设施不完善，以至于无法吸引基层扶植人口，造成年龄断层。

• 基地横向地势较为平缓，但之间交通链接方式较差，以致形成组块发展，区域环境设施不足，交通导向性不足。

### 基地肌理
### THE BASE FABRIC

#### 用地性质分析
#### 交通结构分析
#### 历史街区分析
主干道
次干道
山城步道
历史景点

#### 场地肌理分析
区域道路
区域建筑

用地性质：区域历史建筑较多，但大多虽然保留，但周边环境差。区域大部分为居住，生活环境极差，基础设施不足。

交通结构：整个区域交通混乱，导向性差，各个空间联结差，区域有两条交通干道，通行相对较差。

历史街区：该区域有浓厚的历史文化，其有太平门大码头、白象街、太平门、四方街、湖广会馆等，但周边环境设施不足，停留的空间狭小。

场地肌理：现状肌理与上半城肌理差异极大，该区域为旧棚户区，肌理混乱，其中有少量的高层建筑。

### 设计目标与流程
### DESIGN GOALS AND PROCESS

设计目标与定位：选址位于长江附近，区域内具有很浓厚的历史气息，本次设计通过绿色生态的规划手法对场地进行合理的规划和改造，布局步行街、居住区、历史旅游景点、艺术中心等，构建强大的商住混合产业，以历史为立足点，经济为推动，打造适合本地居民和游客的慢性步行空间系统，成为渝中区宜人的生态文化区。

区域分析 → 区域定位 / 区域环境分析 / 区域肌理分析
历史建筑 / 居住环境 / 现状交通 / 场地空间 → SWOT分析 → 区域矛盾分析
网络体系分析 / 创意空间意象 / 区域前瞻分析 → 效果展示
方案分析 / 理念剖析 → 方案成果 → 概念生成

佳作奖

# 01
현状认知 ≫ 现状分析

*Corridor · Lane · Alleys*

### TIANMEN EASTERN BLOCK CONCEPT PLANNING AND DESIGN
### 天门东线街区概念规划设计　串廊·串巷·串街

## 概念生成
### CONCEPT GENERATION

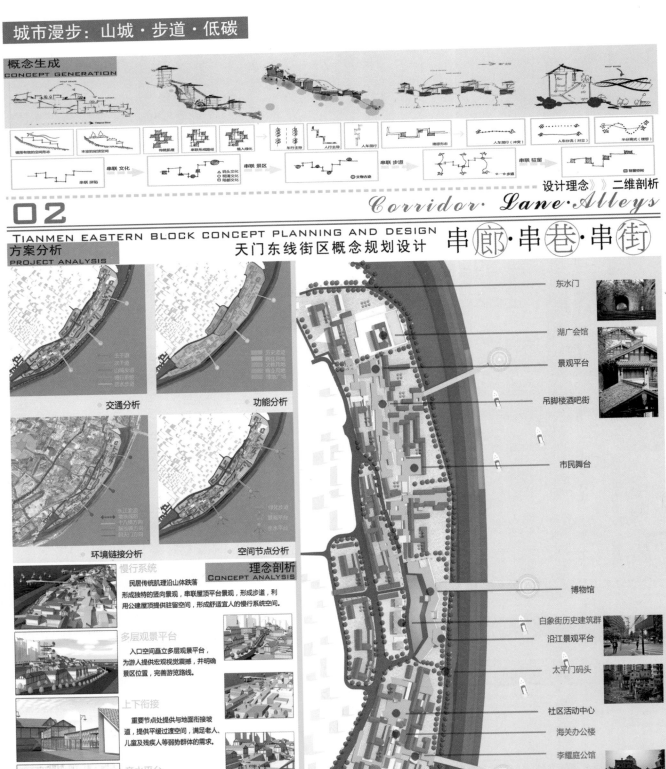

串联 文化 → 串联 景区 → 串联 步道 → 串联 驻道
串联 拼贴

设计理念 》 二维剖析

*Corridor · Lane · Alleys*

## 02

TIANMEN EASTERN BLOCK CONCEPT PLANNING AND DESIGN
天门东线街区概念规划设计　串廊·串巷·串街

### 方案分析
### PROJECT ANALYSIS

交通分析　　功能分析

环境链接分析　　空间节点分析

### 慢行系统
民居传统肌理沿山体跌落形成独特的竖向景观，串联屋顶平台景观，形成步道，利用公建屋顶提供驻留空间，形成舒适宜人的慢行系统空间。

### 多层观景平台
入口空间矗立多层观景平台，为游人提供宏观视觉震撼，并明确景区位置，完善游览路线。

### 上下衔接
重要节点处提供与地面衔接坡道，提供平缓过渡空间，满足老人、儿童及残疾人等弱势群体的需求。

### 亲水平台
竖向慢行系统尽头衔接挑台，形成亲水平台，扩大慢行活动范围，从而使江面景观渗透市民生活。

### 屋顶广场
公建周围布置民居，公建屋顶成为屋顶步道上人流汇聚点，进而利用公建屋顶做游憩性的小广场。

### 理念剖析
### CONCEPT ANALYSIS

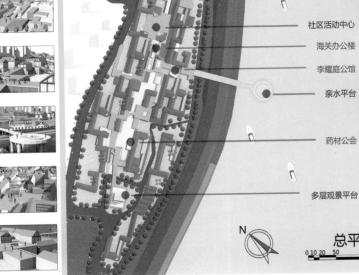

东水门
湖广会馆
景观平台
吊脚楼酒吧街
市民舞台
博物馆
白象街历史建筑群
沿江景观平台
太平门码头
社区活动中心
海关办公楼
李耀庭公馆
亲水平台
药材公会
多层观景平台

N

总平面

0 10 20　50　　100

## 设计说明
### DESIGN SPECIFICATION

天门东线街区地势变化较大，经济较差且保持着老重庆风貌，内部有三条纵向步道。但步行系统没有形成完整的系统。此设计通过一条横向的屋顶平台步道，使得步行系统的连续，将历史建筑、街区串联在完整的步行系统中，同时，增加观景平台，使区域气氛活跃，促进人们的交往。区域规划中使用绿色技术如太阳能光伏发电，竖向空间开发，绿色建筑等，打造生态低碳的区域环境，促进绿色通道的发展。

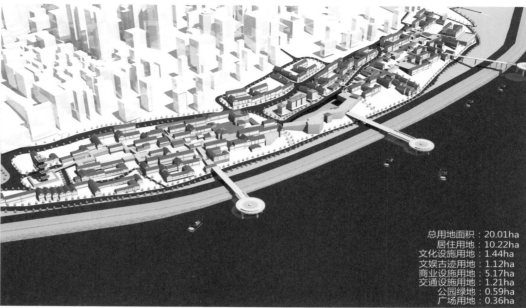

总用地面积：20.01ha
居住用地：10.22ha
文化设施用地：1.44ha
文娱古迹用地：1.12ha
商业设施用地：5.17ha
交通设施用地：1.21ha
公园绿地：0.59ha
广场用地：0.36ha

三维空间 》 改造示意

# 03
*Corridor·Lane·Alleys*

TIANMEN EASTERN BLOCK CONCEPT PLANNING AND DESIGN
天门东线街区概念规划设计　串廊·串巷·串街

佳作奖

## 网络体系分析
### NETWORK ANALYSIS

#### 区域景观网络

以区域人群能最大限度接触到绿色为导向，通过具有活力的屋顶绿化走廊和滨水架空走廊系统的构筑，进而形成遍布于区域中的生态景观网络，促进人群的交流、活动。

#### 区域交通网络

结合渝中下半城的地理条件，为了连接上下半城的交通和区域交通，将人车分流，主要人行步道设置在屋顶，区内道路为公交车线路，以达到环境友好，重视邻里，尊重步行的交通网络系统。

#### 区域文化网络

所选区域具有湖广会馆等几处历史建筑，本次设计凭借生态景观网络的构筑在空间上将几处景点连接，同时向长江沿岸伸出空中走廊，将人群引入，打造亲水空间，形成良好的步行系统。

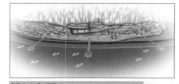

## 绿色生态分析
### GREEN ECOLOGICAL ANALYSIS

低碳交通：由于下半城地势起伏较大，不利于机动车辆行驶。利用屋顶平台，开发步行空间，既节约成本，又使得老重庆的街区肌理和街巷氛围不被破坏。

太阳能光伏发电：由于下半城建筑密度大，且街巷空间较小，不宜利用传统电网供电。利用屋顶平台，可以建立光伏发电系统，自行供电，避免传统电网对日常生活带来的不便。

发展绿色建筑：下半城的特色民居建筑采用吊脚楼形式，顺应地势，加之开发屋顶平台，增加绿化。

竖向空间开发：利用屋顶平台，开发立体空间，将下半城串联起来，利用公建屋顶，开发居民活动广场，增加居民的活动空间，又使得居民生活更加便捷，舒畅。

## 创意空间示意
### CREATIVE SPACE INDICATED

广场　历史建筑前的创意广场
步行街　吊脚楼围合的街道空间
山城步道　多重阶梯的步道空间
步行街　狭小的步行空间

历史建筑　历史建筑周围空间
广场　广场空间
步行街　尺度适宜的步行空间
历史建筑　老重庆风味的建筑空间

## 发展前瞻分析
### REGIONAL PERSPECTIVE

放观渝中半岛，以车行为主导的发展模式的山地城市更需要步行与公共交通的结合给予平衡。渝中半岛各种历史遗存数量共有96处之多，商圈周围文物古迹数量也高达33处，以历史遗存为背景，以现有的与规划中的山城步道为依托，串联起渝中的漫步环廊。

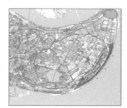

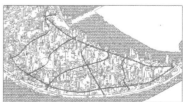

## 沿江立面
### ALONG THE RIVER ELEVATION

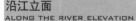

# 老记忆　新印象

**重庆师范大学**

**指导教师** 冯维波　吴勇　　**组员** 黎民主　张小利　孙梦琪　杨子溪　王可

**设计工作情况说明：**

1. 设计框架与思路

方案设计从前期分析与理念推导入手，然后进入设计阶段，完成方案设计（即总平面图），接着对方案进行剖析解释，最后用鸟瞰图和节点透视图来表达空间效果。

2. 前期分析

前期分析包括重庆"老记忆"回顾、"山城步道"实况两部分：

(1)"老记忆"回顾从区域背景角度及历史文化角度进行分析（历史文化分析又包括三方面内容：历史嬗变、历史遗存和文化特征）；

(2)"山城步道"实况以基地现有街巷为视角进行分析，包括场地肌理、现状街巷分布、交通设施分布、公共服务设施分布等。

通过上述几项内容的分析，总结出现状街巷所存在的问题，在后面方案设计中，我们针对这些问题逐一进行解决。

3. 方案策略探讨与设计

在前面两步工作的基础上，我们提取了三个要素作为设计方案的线索逐步进行推导，分别是街巷、老记忆和新印象。街巷通过传统山城步道与新添加的步行空间的叠加，得到完善的慢行空间系统；老记忆既是原有街巷存在的依据，也是新街巷空间形成的关键，表达方式主要有两种：步行道串联"记忆符号"和步行道融入"记忆元素"；新印象则是老记忆与步行道相互作用的结果，最后形成四个"新印象"：1."上半城"与"下半城"通过步行道产生联系，步行道引导人流下行，激活"下半城"；2. 散乱多元的"记忆元素"通过步行道进行连接，通过"记忆元素"与步行道相互融合；3. 原有步行道中融入新元素（新元素：增加空间节点、加强横向联系、强调街巷空间入口引导性等）；4. 步行道中植入新功能（新功能：生活、餐饮、购物、娱乐、休闲）。

4. 系统分析

完成方案设计之后，对其进一步做系统分析，分析内容包括：慢行步道分析、慢行空间节点分析、场地功能分区分析、步道绿化景观分析、保护级别分析等。

5. 空间意象

选择不同的空间节点进行重点意象分析，从各个角度展示方案的特点，通过节点意象图和鸟瞰图来展示方案的空间设计。

**参赛感言：**

本次设计的地块是以"山城"重庆城市发源地渝中半岛为例，通过对渝中半岛的传统城市肌理及其丰富的街巷系统进行梳理和分析，引发对城市空间的重新审视和对慢行交通的思考。重庆城市传统步行空间以山城步道为主，在城市环境恶化，交通日益拥挤，步行空间被压缩的今天，城市空间既要保留山城步道这一城市记忆又要符合低碳环保和人性化这一新时代要求，由此我们提出了"老记忆"、"新印象"的设计理念。在方案设计中，既保留了原有城市记忆及其积极的城市空间又以传统的城市空间元素新规划一条慢行步道，使得城市空间更合理、更人性和更环保。在设计过程中，通过对地块一次又一次的调研和查阅相关资料，使我们对重庆城市有了更深层次的认识，小组之间的交流以及与其他院校的师生交流更是拓宽了我们对慢行系统设计的思路。

佳作奖

# 老记忆 新印象

## "城市漫步"——渝中半岛城市慢行空间系统设计 **1**
### The design of the slow traffic system of Yuzhong peninsula

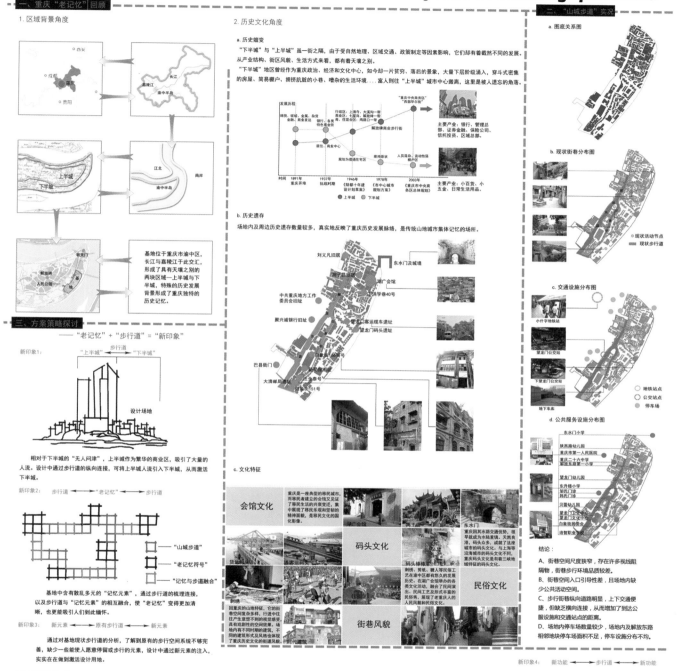

**一、重庆"老记忆"回顾**

**1. 区域背景角度**

基地位于重庆市渝中区，长江与嘉陵江于此交汇，形成了具有天壤之别的两块区域——上半城与下半城，特殊的历史发展背景形成了重庆独特的历史记忆。

**2. 历史文化角度**

**a. 历史嬗变**

"下半城"与"上半城"虽一街之隔，由于受自然地理、区域交通、政策制定等因素影响，它们却有着截然不同的发展。从产业结构、街区风貌、生活方式来看，都有着天壤之别。

"下半城"地区曾经作为重庆政治、经济和文化中心，如今却一片贫穷、落后的景象，大量下层阶级涌入，穿斗式密集的房屋、简易棚户、拥挤肮脏的小巷、嘈杂的生活环境……富人则往"上半城"城市中心搬离，这里是被人遗忘的角落。

**b. 历史遗存**

场地内及周边历史遗存数量较多，真实地反映了重庆历史发展脉络，是传统山地城市集体记忆的场所。

**c. 文化特征**

会馆文化
码头文化
民俗文化
街巷风貌

重庆是一座典型的移民城市，两移民者建立的社会使它见证了移民生活的历史变迁。重庆聚集了移民乐观和坚韧的精神影像，是移民文化的固化影像。

**二、"山城步道"实况**

a. 图底关系图

b. 现状街巷分布图
○ 现状活动节点
▬ 现状步行道

c. 交通设施分布图
○ 地铁站点
○ 公交站点
● 停车场

d. 公共服务设施分布图

**结论：**

A、街巷空间尺度狭窄，存在许多视线阻隔物，街巷步行环境品质较差。

B、街巷空间入口引导性差，且场地内缺少公共活动空间。

C、步行街巷纵向道路明显，上下交通便捷，但缺乏横向连接，从而增加了到达公服设施和交通站点的距离。

D、场地内停车场数量较少，场地内及解放东路相邻地块停车场面积不足，停车设施分布不均。

**三、方案策略探讨**

**——"老记忆" + "步行道" = "新印象"**

**新印象1：**

相对于下半城的"无人问津"，上半城作为繁华的商业区，吸引了大量的人流。设计中通过步行道的纵向连接，可将上半城人流引入下半城，从而激活下半城。

**新印象2：** 步行道 ←→ "老记忆" ←→ 步行道

——"山城步道"
——"老记忆"符号
——记忆与步道融合

基地中含有散乱多元的"记忆元素"，通过步行道的梳理连接，以及步行道与"记忆元素"的相互融合，使"老记忆"变得更加清晰，也更能吸引人们到此缅怀。

**新印象3：** 新元素 ←→ 原有步行道 ←→ 新元素

通过对基地现状步行道的分析，了解到原有的步行空间系统不够完善，缺少一些能让人愿意停留或步行的元素，设计中通过新元素的注入，实实在在做到激活设计用地。

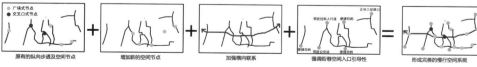

原有的纵向步道及空间节点 + 增加新的空间节点 + 加强横向联系 + 强调街巷空间入口引导性 = 形成完善的慢行空间系统
● 广场式节点
✕ 交叉口式节点

**新印象4：** 新功能 ←→ 步行道 ←→ 新功能

餐饮 购物 娱乐 生活
购物 休闲 交往 餐饮

**添加要素一：新功能**

基地内除了解放东路两边有大量商铺外，其余用地的功能均为居住。场地内住房质量较差，以中老年人为主，缺乏活力。

通过商业、文化、公园等新功能的植入，和基础设施的改善，提升基地内的活力。

**添加要素二：新的空间节点**

基地步道"生长""形成"空间，空间狭窄，缺少供人活动的公共空间。

在对原有公共空间保留并改造的基础上，通过对场地的改造以及原有建筑的更新，增加新的开敞空间，并使新的公共空间能够更好地欣赏江景。

**添加要素三：空间联系**

基地内独具特色的"山城步道""主要解决竖直方向上的联系，而水平方向上的步道较少。

新增的水平步道加强了新功能区与新的空间节点间的联系，不仅方便了人们的出行，高低起伏的步道能让人们更好地欣赏江景。

以基地内文化为基础，将街巷赋予"购物、娱乐、餐饮、交往、休闲、生活"等多种的功能，从而提升地块的活力。

# 老记忆
# 新印象

## "城市漫步"——渝中半岛城市慢行空间系统设计
### The design of the slow traffic system of Yuzhong peninsula

**2**

佳作奖

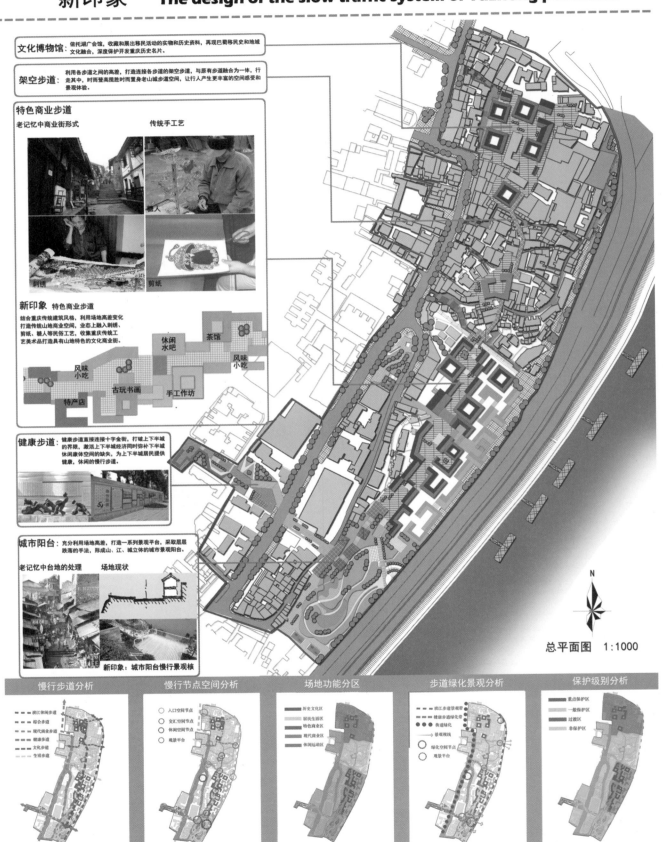

**文化博物馆：**依托湖广会馆，收藏和展出移民活动的实物和历史资料，再现巴蜀移民史和地域文化融合，深度保护开发重庆历史名片。

**架空步道：**利用各步道之间的高差，打造连接各步道的架空步道，与原有步道融合为一体，行走其中，时而登高揽胜时而置身于老山城步道空间，让行人产生更丰富的空间感受和景观体验。

### 特色商业步道

老记忆中商业街形式　　传统手工艺

剌绣　　剪纸

### 新印象　特色商业步道

结合重庆传统建筑风格，利用场地高差变化打造传统山地商业空间，业态上融入刺绣、剪纸、糖人等民俗工艺，汇集重庆传统工艺美术品打造具有山城特色的文化商业街。

风味小吃　休闲水吧　茶馆　风味小吃　古玩书画　手工作坊　特产店

**健康步道：**健康步道直接连接十字金街，打破上下半城的界限，激活上下半城经济同时弥补下半城休闲康体空间的缺失，为上下半城居民提供健康、休闲的慢行步道。

### 城市阳台：充分利用场地高差，打造一系列景观平台，采取层层跌落的手法，形成山、江、城立体的城市景观阳台。

老记忆中台地的处理　　场地现状

新印象：城市阳台慢行景观核

N

总平面图　1:1000

| 慢行步道分析 | 慢行节点空间分析 | 场地功能分区 | 步道绿化景观分析 | 保护级别分析 |

# 老记忆 新印象

## "城市漫步"——渝中半岛城市慢行空间系统设计 **3**
### The design of the slow traffic system of Yuzhong peninsula

## "新印象"展示

### 特色商业街

植入刺绣、剪纸、糖人等民俗工艺，收集重庆传统工艺美术品，结合场地地形，形成山地特色商业街，打造慢行空间新印象。

### 会馆文化博物馆

结合湖广会馆，打造富有特色的文化历史街区，改造会馆周边原有建筑，形成具有山地特色的文化街区。

整个街区作为山城高架步道的重要节点，集文化展示、特产专卖、休闲、娱乐等功能。

### 健康步道

健康步道直接连接十字金街，打破上下半城的界限，激活上下半城经济同时弥补下半城休闲康体空间的缺失，为上下半城居民提供健康、休闲的慢行步道。

老记忆墙
下沉广场
小游园
雕塑广场

景观平台

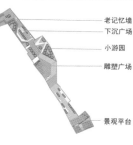

## 高架步道

整合原有山城步道，串联各个慢行空间节点，形成高架步道，加强各步道之间的联系，丰富步行空间的景观视线，打造别样的慢行体验，形成山城步道的新印象。

佳作奖

街区的改造，恢复了人们心中的*老记忆*

步道的连接，给人们留下了*新印象*……

# "极客"出发

西南科技大学

**指导教师** 聂康才 史斌 **组员** 李建华 蒋雅 方汪琴 杨小龙

**设计工作情况说明：**

参加"西部之光"可以说是一件非常幸运的事情。经过培训，走访调查，我们对重庆这个独具特色文化，生活气息浓厚的住区充满了兴趣。接到"城市漫步"这个主题时，我们首先就"漫步"这个概念进行了讨论，它不同于普通的出行，是一种没有目的的停留，接触不确定东西的驻足，是一种闲适，散漫的游走，是品读城市文化生活的行走。了解题目之后，我们对城市现状进行了分析，现状设施老旧，环境局促，人气也越来越低。人总是喜新厌旧，对一个城市也是如此。除了记忆中的模样，再也没有吸引人的地方。只有加入新鲜的血液，改变残旧破败的模样才能使得住区重返活力。

21世纪，网络使得一个人足不出户也能知天下事，这也是越来越多"宅男宅女"的原因。我们思考，能不能把网络中的精神用于城市的设计？

因特网的发明者比尔·盖茨，是一个实实在在的"极客"，极客到底是什么？他指一种人，一种充满创意，充满科技含量，不新奇不成活的人。他们理性，但同时又充满奇思妙想；他们追求天马行空，但同时又必须脚踏实地；他们特立独行，拒绝盲从，信仰自由，大智若愚。这和城市规划是不谋而合的。我们在做规划的时候就是一种理性与感性的交融，机械与柔美的碰撞，工料和艺术的结合。而这块片区，恰恰也需要一种更加新鲜的活力来改变。不同以往的固定模式，貌似古镇复兴就需要旅游化、商业化才能保护，而造成几乎所有古镇卖的特产都是一样的尴尬现象。我们要新的，颠覆性的东西。因此我们将科技融入城市中，在不同的节点进行细节打造，在公共场所的营造上创新的添加科技元素，使得环境变得有趣，变得吸引人，让人们走出来，利用科技将生活中的不便加以改善，更加人性化：利用新型资源，从而达到低碳的目的。根据这些，我们有了不同以往的设计。架空的地面，空中的公共空间，以及每个节点根据自然的规律分布，多样的造型，充满科技含量的小品摆设……这是一次天马行空的构想，是一件十分艰辛又十分有趣的过程，但无论如何我们从中得到了乐趣，这是一次有趣的跨界合作，在这次过程中，主题思想确定下来后，接下来就要把它一步步落入实处。因此怎样做，仍旧是个难题，我们不是说用节点就能穿起一个片区的。再美的珍珠，也需要线绳才能串成项链：一个住区不是分割的节点，而是连续的空间。设计又陷入了僵局，我们也感到了痛苦和彷徨。这不得不说是一个有趣的小插曲，吃饭的时候，食堂餐桌由于年久失修，桌面出现了龟裂，这破碎的画面却又十分和谐美而，每条裂纹线都能连接到一块片区，片区又伸出新的裂纹。我们将它拍下，于是"线绳"就找到了。

**参赛者感言：**

2013年的夏天，西部之光的举办，让我们四个人的青春洋溢在这个意义不凡的夏天里。迎着阳光我们起行伴着月光我们归去。我们四个人一起互补努力，挥洒个性。途中有讨论、有争执、有困惑，但在不停的修改过后，收获成功的喜悦。古人云：人心齐，泰山移。因我们共同的努力，才获得了此成绩。

火热的七月，四个人，工作室，从决定参加"西部之光"竞赛开始，就做好了与孤单枯燥为伴的准备，过程真的很辛苦，每天背着电脑行走在空荡荡的校园，为了保证质量，无数的修改，激烈地讨论……，中间有纠结，有苦恼，也有欢乐，有分享的喜悦，当最后作品出来的时候，看着它仿佛就如同看着自己刚出生的孩子，心中的自豪与欣喜溢于言表。这完全得益于团队的力量，如果没有每个组员不遗余力的为作品出谋献智，尽心尽力的完成任务，作品能否按时完成还不一定，因为周边确实有中途放弃的，能够坚持到最后完成我们的作品这才是最重要的，获奖也是最好的结果……

总的来说，这个暑假没有像以前一样荒废，学到了很多东西，也了解到自己的水平和与其他人的差距，继续鞭策自己，保持谦逊。参加"西部之光"竞赛，是一件让我感到十分幸福又幸运的事情。因为没有哪一个竞赛在之前还专门给学生培训，很感谢辅导我们的老师们。设计之中我也学到很多，同伴之间哪怕有争执也是一种思想的碰撞。想法再多，落到实处还是需要很多的锻炼。学习是永无止境的，想法也应顺应时代潮流，不断变更。

"极客"（Geek）原本随着计算机技术的兴起，这个词含有智力超群和努力、坚持不懈的语意；又被用于形容对计算机和网络技术有狂热兴趣并投入大量时间专研的人。但现如今这个词已经有了许多其他的意义。Geek不再特指某种技术天才或技术鬼才，他们不再自我封闭、游离于主流人群之外，而是用技术手段、创新能力和源源不断的想象力不断将更新更好的生活方式推向高潮、推向顶点。它代表一种潮流文化，一种以科技为主打，集合创新、趣味、活力等不同寻常具有反叛精神的设计思维。

## 1 重庆石板坡老旧住区步行空间设计

Geek "极客" 出发 set out

### 设计背景

传统的老重庆与繁华的现代重庆，两种环境对应两种不同的生活模式，人们的出行渐渐的失去了空间与乐趣。

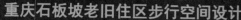

### · 地块特征分析

图例：

- 车行路线
- 步行主要路线
- 步行次要路线
- ● 主要活动点
- ▲ 交通冲突点

绿化区域

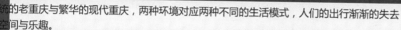

### · 区位特征

历史建筑
一般建筑

### · 人群活动时间轴线

设计目标：在保留老重庆历史痕迹的大前提下结合时代背景。寻求传统环境与新型生活方式的融合共存。既不否定传统环境也不否定新生文化。鼓励民众参与生活环境的设计与美化。融入科技创新技术，增加空间的活力及可交流性。打造重庆创意生态步行休闲空间。

公共空间
私密空间
半私密空间

### · 基地地形现状

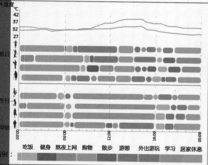
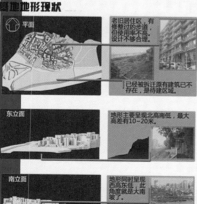

老旧居住区，有修整过的步道，但使用率不高，设计不够合理。

已经被拆迁原有建筑已不存在，是待建区域。

平面
东立面
南立面

地形主要呈现北高南低，最大高差10~20米。

地形同时呈现西高东低，此角度就是大南坡了。

### · 现状空间调查

步行道过于单一乏味，安全性不佳。

居住区机动车严重影响居民对步行道路的使用，车占人道。

街道空间被商业服务设施占据。居住区道路空间比例严重失调。

步行的整体环境质量不佳，设计欠合理。

我们将极客精神凝缩成简单的"科技，创意，活力，好奇"这四顾部分。将空间更新和改造在满足住区基本出行需求的基础上，融入有科技含量的、有趣的，激发人们探索欲望的空间设计。从而形成有趣的、舒适的、有人性的、低碳的设计。而空间组合上，如同皲裂的大地一般，尊重原有肌理疏通老路，"死"路，使之达到四通八达，殊途同归的目的，从而串联起空间。

# 2 重庆石板坡老旧住区步行空间设计

Geek "极客" 出发 set out

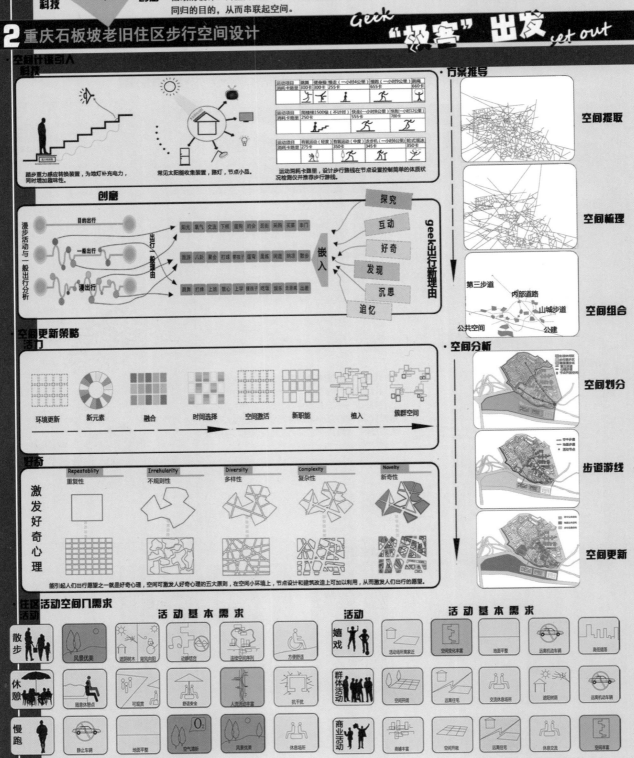

geek元素

建筑顶部和局部改造为公共空间，并相互联系解决原有公共空间不足、破碎，夏季屋内炎热和高差问题。遵循好奇唤醒设计，新建和改造建筑物、构筑物，采用奇异的造型和趣味性较强的元素。构筑物，小品，做到与众不同又富有新意，满足通风采光等技术要求，既能方便加入科技元素，又可根据使用时的需求进行修改移动。

## 3 重庆石板坡老旧住区步行空间设计

"极客"出发 Geek set out

佳作奖

**总平面图**

**节点改造**

图例：
① 主入口广场　③ 英国领事馆　⑤ 庐厚故居　⑦ 绿地公园　⑧ 空中步道
② 展馆公园　④ 休闲广场　⑥ 仁爱堂　Ⓟ 地下停车场入口　⚑ 入口

**鸟瞰图**

**效果图**

 广场舞　 茶馆　 摄影　 音乐KTV

图书与艺术　 wifi　电子游戏　酒吧咖啡馆

# 织·叶——山城游牧

**西南科技大学**

**指导教师** 彭勃 苏军　　**组员** 刘逸芸 刘贤锋 周航 刘睿 王强

**设计工作情况说明：**

一、现状调查——确定基地

基地位于东线滨江带形用地，面积约 2195 公顷。在重庆城区人口密度高、用地紧张的背景下，确定"集约—紧凑"式发展。我们希望在高效整合利用土地资源的同时，还能协调好城市与自然的关系，让城市"生"于自然，让人漫步于自然。

二、理念生成——确定主题

选用自然界中和人类社会有着很多共同点的一种群体——蚂蚁，作为设计灵感来源。设计中仿生织叶蚁巢穴的空间形态，再结合如今"集约—紧凑"式城市综合体的发展模式，将综合体的功能植入"叶巢"，再以叶脉作为"叶巢"的依托，形成新的自然生态的城市综合体。

在建筑空间和慢行系统的构建中，我们引用了"游牧空间"的思想。打破了传统上僵硬封闭的城市空间，将打散后的空间用柔和的曲线连接，使建筑与地面、建筑与建筑之间的连接不再那么尖锐。行人在这种空间中漫步的过程中能够明显的感受到环境对人的亲和感。

三、规划设计——分层考量，逐步细化

1. 网架构建

先顺应地块地形建立一个初步的网架系统，再结合网架底层的现状建筑更改开孔，最后对该系统的照度进行软件分析，调整开孔和绿化位置。

2. 整体布局

因为我们的方案里拥有大量的网架和大体量的建筑，很容易形成相互遮挡，干扰采光通风。我们初步优选三个方案的布局，再对这三个方案的照度和风速上分别进行软件分析，选取最优。

3. 功能布局

在初步建立好的网架系统上"植入"慢行系统主要功能，合理的设置主要节点。再将城市综合体的主要功能分配在地块上，进行综合协调考虑。

在竖向功能方面，地面表层主要作为车行和生态绿地以及雨水收集等，网架层主要用作人行和广场绿化。建筑内部分割出商业、娱乐、居住等空间。

4. 建筑设计

在建筑通风方面，我们借鉴了白蚁巢穴的方式，参考了重庆传统的吊脚楼居住形式。通过热辐射分析和风环境分析，我们决定在建筑的不同位置开窗，使整个建筑的表皮尽可能自然通风，降低建筑能耗。

**参赛者感言：**

刘逸芸：

"西部之光"是西部片区城乡规划专业的一次文化盛宴。各地方的老师和各地方的学生汇聚于此，畅所欲言。交流的过程中，我们汲取了精神的养料，甘之如饴。最后，要感谢这次竞赛，感谢指导的老师，感谢我的小伙伴们！

刘贤锋：

"西部之光"是一次历练的绝佳机会，我从中了解到城市设计的概念、意义以及设计流程：设计的过程中，我们的思维在碰撞，在跳跃，如活水般沸腾，这是一个富有激情的过程。最终，大家的思维会向一个方向汇聚，汇成一条川流不息的大江。

周航：

参与即学习，尝试即收获。

刘睿：

科技发达的今天，计算机已经成为一种新型高效的知识武器，我们应该充分利用好这把锋利的武器，向未来亮剑！

王强：

竞赛，竞赛，竞的是知识，赛的是合作。在竞与赛中，我们加深了城市设计的认识层面，感受到团队合作的意义。

# 织·叶 —— 山城游牧

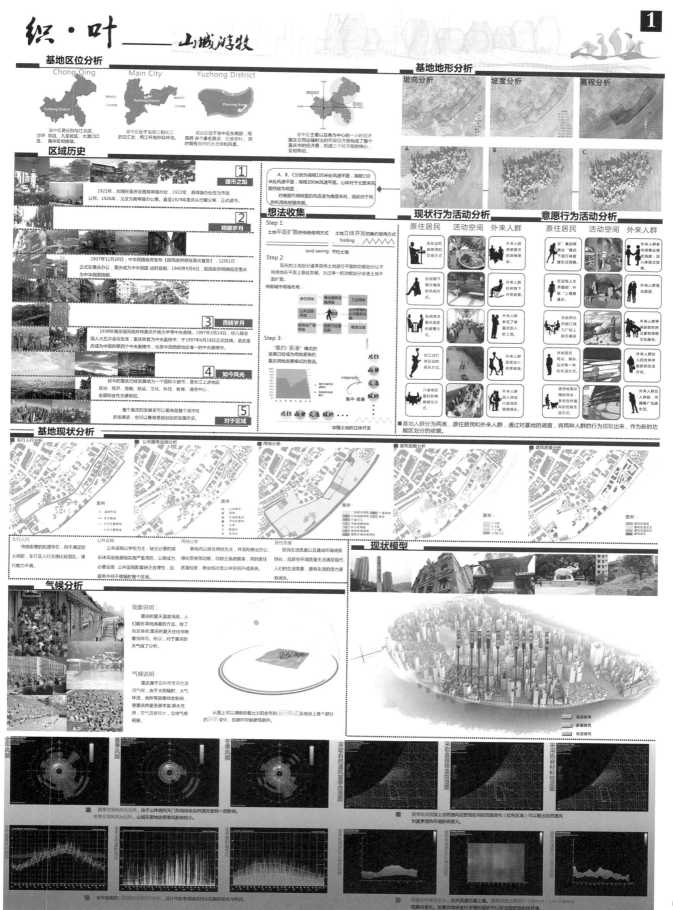

# 织·叶 —— 山城游牧

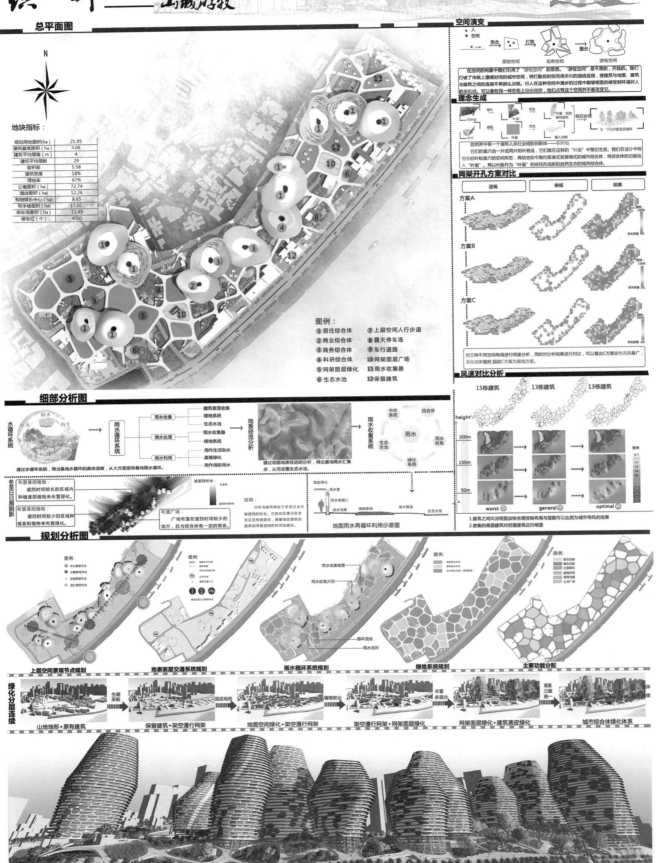

# 织·叶——山城游牧

## 空间连续性

车流线
人流线
地面层
人车分合流点
为车服务

地上过街天桥 way:sky bridge
地下过街通道 way:underground passage

弱化车行系统
强化慢行系统
立体交通空间扩大化 space expansion

为人服务
下层车行空间
上层人行空间
"叶缘"膜结构
地面层
真正实现空间立体化 The realization of the three-dimensional transport system

在人流与车流的交汇的冲突点，通常的处理方法是平面上进行红绿灯等交通管制，或是立面上设置过街天桥或地下通道，为车流顺畅进行人流疏导，而轻过调度发现多数人为了走人行天桥或地下通道系统比较麻烦，且平面交汇点存在安全隐患。

## 重庆吊脚楼

保留传统的吊脚楼的优典型空形志，打破"水泥森林"的现代建筑形式，很好的将传统元素融入城市综合建筑中。

无论是地图与架空网架的连接，还是架空网架与建筑的自由，打破局限，无论人或车都可任意"游牧""惬意"。

past / now / planning

实用 / 家居 / 特色
旅游 / 发展 / 内涵
古时 / 现代 / 规划

古重庆的吊脚楼背靠着山，面向江水，结合地形，适应气候，有着通风和防潮，一般为三层式，顶部用于晾晒储存，二层用于住人或会客，底层用于猪圈存放，自然条件比较恶劣，用回的风景脚。

如今，大片的吊脚楼已不复存在，吊脚楼作为山城特色的渝巴文化已经逐渐消失，保护并更新的的空间，是曾华地文中的一道文化，真正意义上达到惬意的自然。

规划的综合体建筑结合很代的建筑美学，钢格栅化，形成现代化的建筑消失场景。解放更多的地下空间，未解决人车矛盾，真正意义上达到惬意的自然。

## 空间节点透视

A处节点透视

可以反映出空间连续性以及建筑与建筑之间的体量关系，同时更能体现江景的渗透。

B处节点透视

可以反映地面下层空间与上层人行空间的衔接关系，反应了慢行空间与游牧思想。

C处节点透视

根据各综合体之间的空间体量关系，将自身的建筑肌理与自然完美契合，体现游牧的自由性。

D处节点透视

完整全局的体现了慢行系统主要功能，合理的设置主要节点形成以人为本因素的"叶缘"慢行网架系统。

## 鸟瞰图

E处节点透视

向阳的坡面，用向日葵进行景观打造，形成美观而丰产的城市新绿地。

F处节点透视

从江上的角度观看建筑，体现建筑与江景的景观连续。

G处节点透视

从C点的角度反应底层停车库的全景，反应停车空间与外部空间的关系。

## 重要节点透视

中心广场透视

该广场是整个慢行系统的中心节点，可以恒览美丽的江景，与各功能区联系密切，起着集散人流的作用。

"慢行"网架与地表连接透视

网架系统与地表有着密切的联系，使上下空间形成分工不同但又统一联系的系统。

建筑外部空间透视

建的外立面设有垂直绿化系统，与平面步行系统形成一整体的漫步体系。

路灯透视

连接灯柱的顶部具有雨水收集功能，是整个雨水收集系统不可缺少的一部分。

建筑内部观景透视

建筑外立面设计有大尺度的开窗，可以很好的将外部自然景色引入室内。

上下路网透视

上层的人行和下层的车行分在两个不同图有效地解决了行人车冲突，人的步行变得更加更自由安全。

建筑表皮分析

热辐射分析
风环境分析

辐射强 (+)
辐射弱 (−)
通风条件好 (+)
通风条件差 (−)

(++) 做成带绿化的垂直式开窗
(+−) 做成带垂直绿化的半封闭空间
(−+) 直接开窗的玻璃窗
(−−) 直接开窗的玻璃窗

在建筑通风方面我们们准备了白蚁蚁穴的方式，底部再结合重庆传统的吊脚楼形式，形成一个由建筑基底到建筑顶部的通风筒，将江风引入建筑，让江景的冷空气进入建筑，建筑内部的热空气排出最后形成一个循环系统。

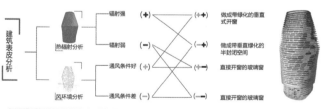

## 城市夜景一

## 城市夜景二

## 城市夜景三

# 中城——基于山·水·半城的概念设计

西南科技大学

**指导教师** 喻明红 崔春龙　　**组员** 王雷雷 李洁婷 黄爽 康钦懿 杨长青

**佳作奖**

**设计工作情况说明：**

一、前期分析

天门北线地块滨临嘉陵江，上下半城高差大，同时基地内有洪崖洞等名址。调研前，我们就很好奇，外来游客与本地居民生活方式的如何进行交融。而随后展开的现场调研中，居民就这个问题以及土地使用也提出了自己的看法和建议，强调滨水空间的设计和出行舒适度。设计时最早将目光集中在滨水空间的处理上，在总结调研情况后，发现基地的主要问题是山水之间以及上下半城之间缺少联系，步行系统受到了车行极大地干扰。虽然基地内的山体在城市开发过程中受到破坏，但富有特色的高层建筑与临近的嘉陵江，使基地依旧具备了相当的山水基础。经过讨论，我们决定从基地使用者的角度出发，参考他们生活习惯以及水文化诉求，通过基地的步行系统设计来阐述我们对山地城市步行设计的理解。

二、概念提出

"水"是设计中的重要内容，我们联系到水分子的属性，研究了死水的成因。我们将现状基地比作死水，而死水要受到新元素的撞击才能重新活跃起来。现状基地山、水、人如同三条平行的链状结构，呆板又缺乏活力，而设计中，我们想添加现代活力的新元素，删减不适用的老元素，并将两者有秩序的融合，使其功能更新重组，创建和谐有活力的间于山水半城间的特色中城。

设计中提出了"中城"的概念，这不仅是人们的一个步行空间，也是上下半城的过渡与联系。山水意向在中城汇集在一起，不同使用性质的元素尽可能依据使用者的习惯进行布置，共同构建理想的步行系统。

三、特色打造

设计将滨江带作为下城，山体上建筑群体为上城，而建筑群体与滨江带之间联系平台为中城。因为地势高差的原因，中城分为三个平台，空间层层递进向上，每层内设有大面积绿化、水体、休息游憩等配套服务设施，联系每层的垂直交通考虑设置电梯以服务更多的人群。同时，利用大量绿化和水体来还原山水意向，汲水而上增强山水的联系。滨水地带则设置了一定的透明玻璃平台，使人群更亲近滨水空间。中城的设计不仅反映了我们对减少上下城隔阂所做出的努力，同时也尽力复原使用者心中的山水城意象。

四、经验总结

这次设计还存在着很多的不足。整个设计的尺度偏大，并且由于中城本身向外出挑，又有大量的绿化、水体，实际操作上难以实现。此外，在很多细节方面还需要仔细推敲。但是这次比赛，让我们走进了重庆，感受到了重庆带来的独有的山水美。正是建立在这份激情上，我们才有了创造的动力。山地城市设计难度很高，我们虽还不能熟练掌握，但学习的过程相当有趣。相信如果还有机会，我们将会做得更好！

**指导教师评语：**

"中城——基于山水半城的概念设计"这组作品所选地形为天门北线。天门北线位于渝中半岛北部，地形高差变化较大，江与城的联系较为薄弱，交通拥堵，人车混行地段较多，建筑以高层居多。因此，选择该地段作为设计选题，要处理好以上现状问题，挑战性较大。

该设计题目紧扣山、水、城三个组成元素，表明设计者已通过现状调研、资料收集等认识到该地块的主要问题是山与水之间联系较弱，亲水性差，应在二者之间增加联系。设计者以"流水不腐，户枢不蠹，山、人、水相互交融"为设计理念，在山与水之间建立中城。中城的提出是该设计的亮点。中城为联系上半城与嘉陵江的步行通廊，多以架空形式与高层建筑相连，解决了上半城市民亲近江水难的问题，同时也为市民增加了休闲交往的场所，紧扣"漫城"命题。中城架空材料选择主要玻璃、水等透明材质，解决了架空层对下层空间光线遮挡的问题。作品不足之处在于：对基地特征的认识还不够。虽然中城很好地起到承上启下的作用，但与基地另一重要建筑洪崖洞的联系薄弱，如二者在交通上或特征元素上有联系则更好。此外，中层玻璃水体面积过大，可操作性弱。图面表达也略显粗糙。不过通过此次竞赛，相信设计者都得到了很大的锻炼和进步。

**参赛者感言：**

这次设计选择天门北线地块的初衷，就是想挑战一下大落差的山地城市设计，探讨一下城市步行系统建设的方法。随着设计的逐渐深入，我们开始关注居民的心理需求和文化传承。人是现代城市的使用者，城市因人而设计。城市设计不能只关注于平面图效果，更要考虑城市设计所带来的实际效应。

重庆本就是一座历史悠久的城市，其山水环拥的格局令人动容。前期调查中，我们也发现居民对山水有着浓烈的感情，但这样的山水情怀，随着城市化进程被逐渐打破。所以，我们希望能用构建中城的方式，增加居民理想的公共与半公共空间，实现山、水、人以及上下半城之间的沟通，减缓现代生活元素和自然生态之间的冲突。"山一程，水一程，山水之间走一程"是我们的理念。时代在进步，未来城市不再简单粗暴的被动适应山水，而是更多适应居民与山水相互依存的趋势，继承可持续发展。

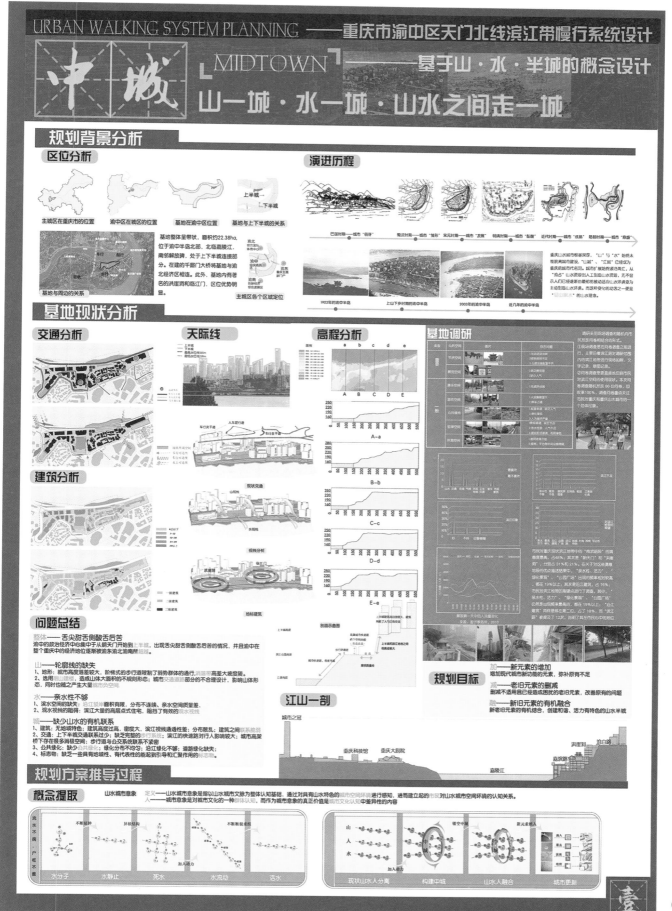

URBAN WALKING SYSTEM PLANNING —— 重庆市渝中区天门北线滨江带慢行系统设计

中城 「MIDTOWN」 —— 基于山·水·半城的概念设计

山—城·水—城·山水之间走一城

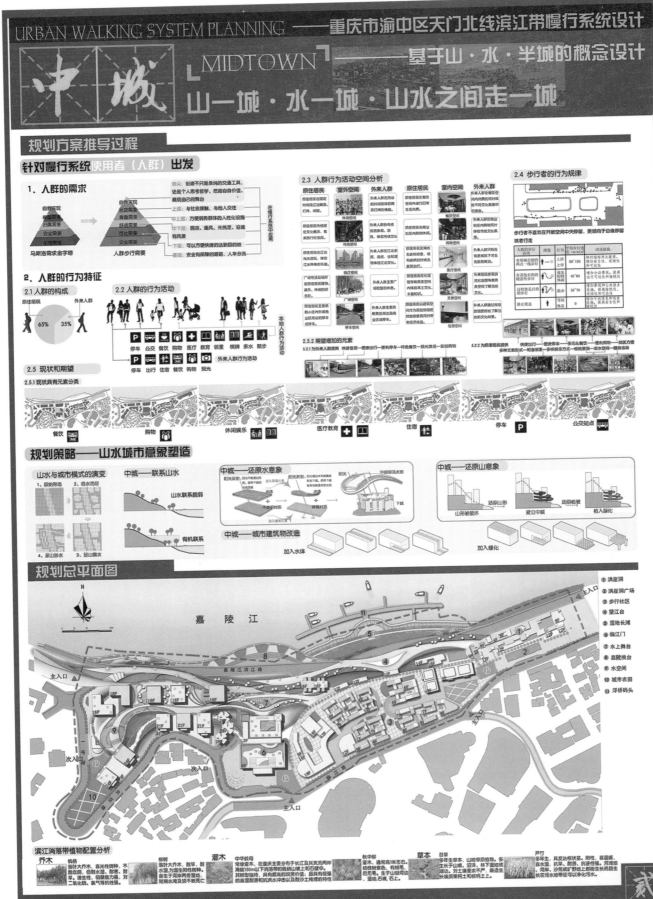

# URBAN WALKING SYSTEM PLANNING ——重庆市渝中区天门北线滨江带慢行系统设计

## 中城 ⌐MIDTOWN⌐ ——基于山·水·半城的概念设计

### 山一城·水一城·山水之间走一城

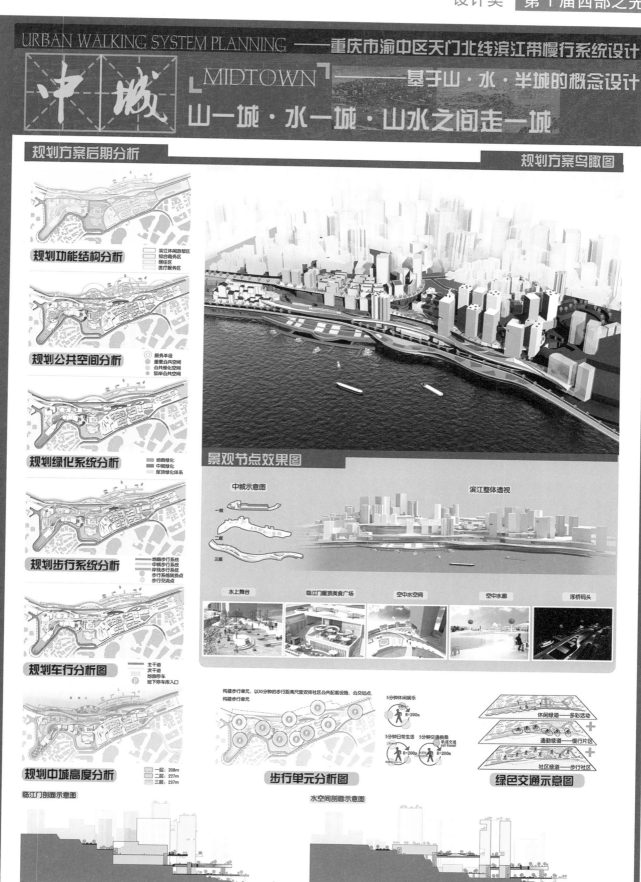

**规划方案后期分析**

**规划方案鸟瞰图**

规划功能结构分析

规划公共空间分析

规划绿化系统分析

规划步行系统分析

规划车行分析图

规划中城高度分析

临江门剖面示意图

**景观节点效果图**

中城示意图　　滨江整体透视

一层
二层
三层

水上舞台　临江门屋顶美食广场　空中水空间　空中水廊　泽桥码头

**步行单元分析图**

**绿色交通示意图**

水空间剖面示意图

# 都市盆景·记忆之城

**桂林理工大学**

**指导教师** 王万明 邓春凤　　**组员** 黄佼 黄利红 班上斯 周启航 黄雪妮

**设计工作情况说明：**

一、设计初期的准备工作

本次设计是由黄佼、黄利红、班上斯、周启航、黄雪妮五人共同合作完成的，本小组成员在报名参加比赛后就开始收集与学习慢行系统和低碳城市设计的相关知识和案例，并及时在组内交流与分享，为此次设计打下良好的基础。

二、工作内容

1. 实地调研和培训

本组派出了一名代表参加了实地调研和培训，通过培训了解到低碳城市与步行环境的内涵，对"低碳·山城·城市设计"有了新的解读，通过实地调研了解到重庆十八梯的地貌空间、人文历史、地域特色。

2. 现状分析

收集关于重庆十八梯的资料，对十八梯的现状进行分析，具体包括十八梯的区位以及现状的道路、建筑、景观、文化等优劣势分析。

3. 探讨设计理念

本组在收集和学习基础资料的基础上进一步明确设计以"低碳"、"慢行"为主题，深入挖掘十八梯的文化内涵，延续文脉，融入低碳，最大程度地激活十八梯的城市活力，努力打造一个舒适、充满文化气息的慢行景观。

4. 思路交流

本小组从慢行元素、建筑、景观、路网、设施等五个方面去作为切入点，融入慢行、低碳、生态的理念，努力构建一个以"都市盆景"为主题的十八梯慢行系统。本组成员通过解析空间结构、土地功能与交通系统的关系、城市生活与城市空间的发展脉络、慢行空间系统的多重价值、机动交通与慢行交通的矛盾等的方法，提出创新思路，并积极与指导老师讨论交流，对于指导老师做出的反馈适当调整思路。

5. 电脑制作

利用卫星地图深入了解十八梯的空间结构，通过利用 CAD、湘源、PS 等软件的做出分析和地图设计，努力将各个设计元素有条不紊地呈现在图纸中，利用 SU 打造景观节点、传统商业街、娱乐休闲区、生态步道等。

三、方案成型

初步的设计构思在经过多次的修改，最终在图纸和文本中呈现。本组成员分工合作将图纸精心排版，将设计理念、设计主题、思路创新等经过反复琢磨在文本中精心包装。

**参赛者感言：**

此次设计从构思到设计再到方案的成型经历了很长的时间，每个环节都深思熟虑，都离不开和老师的交流。该设计结晶了五位设计者的不懈努力，体现了设计者的勇于创新精神，饱含指导教师的汗水辛劳。

此次设计让我们收获匪浅，通过方案设计我们能够有机会充分开发创新思维，将慢行、低碳的理念融入自动扶梯、中水处理系统、索道观光、都市盆景、立面绿化、屋顶花园等这些细部设计。竞赛也锻炼了我们分析问题的能力，此次设计要考虑的问题多种多样，例如，网络、建筑、设施、景观的结合、传统与创新的度量，慢行空间与低碳城的解读等，整个设计既要把握全局又要逐个完善。通过此次设计所学习到的经验知识对日后的学习和工作都会有很大的启迪作用。

通过参加本次竞赛，我们由认识到了解低碳、慢行交通，从某方面上提升了自身的规划设计理念，同时也促进了低碳、生态等科学发展理念的传播，促进东西部大学城市规划专业之间的交流，提高西部大学城市规划专业设计水平。

此次设计由五位小组成员相互协助、分工合作共同完成，让每一位小组成员都体会到团队合作的重要性。同时，我们也体会到一丝不苟、科学严谨、敢于创新是我们城市规划学生所必需的精神。

# 都市盆景·记忆之城 Urban landscape & city memory
## ——现状及理念篇 ①

用地位于曾经繁华一时的十八梯，现已成为经济衰败，环境恶化，功能混乱的十八梯片区。十八梯被赋予山地城市的特色地形和特色文化。基于低碳城市的慢行系统的设计，重点在于融入低碳创意和打造人性化慢行空间，关键在于延续十八梯旧城的生活氛围。本设计以"低碳"、"慢行"为主题，深入挖掘十八梯的文化内涵，延续文脉，采用点、线、面相结合，努力打造景观节点、传统商业街、娱乐休闲区、生态步道。最大程度地激活十八梯的城市活力，在满足当地居民生活需求的同时，传承历史和文化。

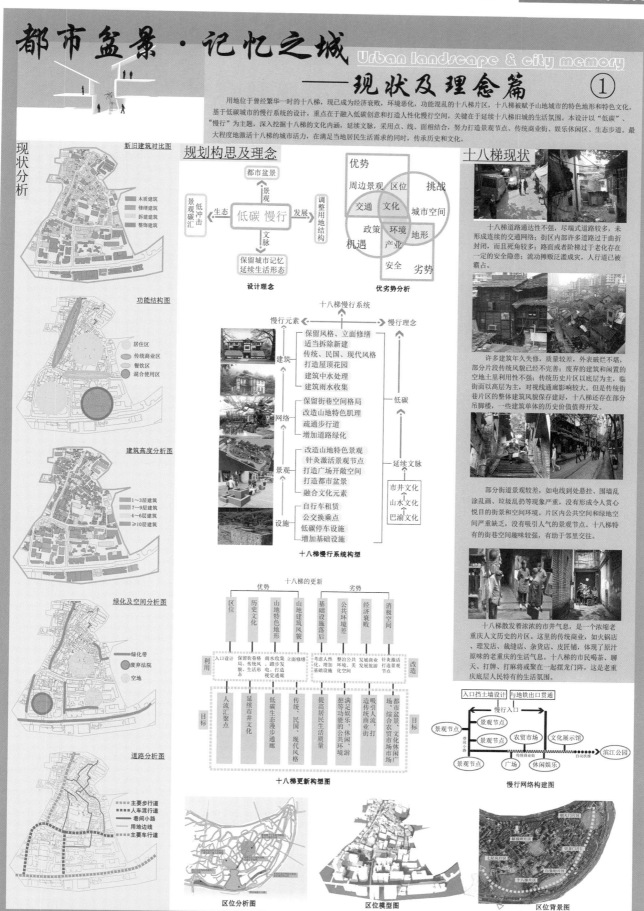

**现状分析**

新旧建筑对比图
- 木质建筑
- 修缮建筑
- 拆建建筑
- 整饰建筑

**功能结构图**
- 居住区
- 传统商业区
- 餐饮区
- 混合使用区

**建筑高度分析图**
- 1~3层建筑
- 7~9层建筑
- 4~6层建筑
- ≥10层建筑

**绿化及空间分析图**
- 绿化带
- 废弃法院
- 空地

**道路分析图**
- 主要步行道
- 人车混行道
- 巷间小路
- 用地边线
- 主要车行道

**规划构思及理念**

设计理念

优劣势分析

十八梯慢行系统构想

十八梯更新构想图

慢行网络构建图

**十八梯现状**

十八梯道路通达性不强，尽端式道路较多，未形成连续的交通网络；街区内部许多道路过于曲折封闭，而且死角较多；路面或者阶梯过于老化存在一定的安全隐患；流动摊贩泛滥成灾，人行道已被霸占。

许多建筑年久失修，质量较差，外表破烂不堪，部分片段传统风貌已经不完善；废弃的建筑和闲置的空地土里利用性不强；传统历史片区以底层为主，临街面以高层为主，对视线绿廊影响较大。但是传统巷片区的整体建筑风貌保存良好，十八梯还存在部分吊脚楼，一些建筑单体的历史价值值得开发。

部分街道景观较差，如电线到处悬挂、围墙乱涂乱画、垃圾乱扔等现象严重，没有形成令人赏心悦目的街景和绿地；片区内公共空间和绿地空间严重缺乏，没有吸引人气的景观节点。十八梯特有的街巷空间趣味较强，有助于邻里交往。

十八梯散发着浓浓的市井气息，是一个浓缩老重庆人文历史的片区。这里的传统商业，如火锅店、理发店、裁缝店、杂货铺、皮匠铺，体现了原汁原味的老重庆的生活气息。十八梯的市民喝茶、聊天、打牌、踏麻将或聚在一起摆龙门阵，这是老重庆底层人民特有的生活氛围。

区位分析图

区位模型图

区位背景图

# 都市盆景·记忆之城 Urban landscape & city memory

## ——规划设计篇 ②

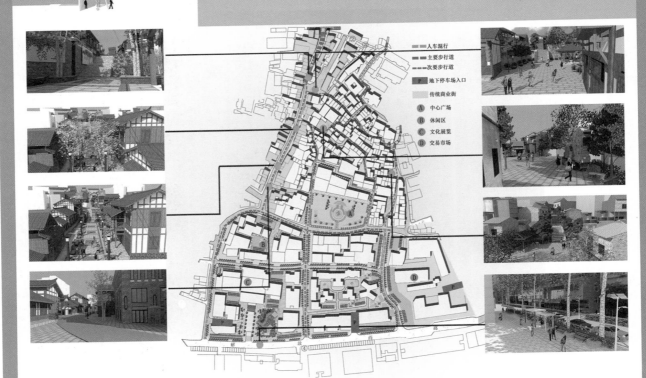

人车混行
主要步行道
次要步行道
P 地下停车场入口
传统商业街
A 中心广场
B 休闲区
C 文化展览
D 交易市场

### 道路与公建分析

自行车存放地点
公交换乘点
主要步行道
次要步行道
连接支路
主要车行道
地面停车场
地下车库
公建
广场及开敞空间

经过改造和调整，十八梯慢行系统与周边的慢行道形成统一、连续的整体，外围交通方式比较多样，能够简单、快捷地到达目的地。

### 景观节点分析

历史风貌主轴
历史风貌次轴
景观江辐射
景庭开敞空间
景观节点

地块中的景观节点内容丰富而富有层次，并配有完善的服务设施，为居民和慢行者提供了良好的休憩娱乐场所。

### 功能结构分析

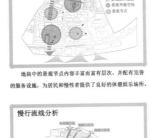

休闲娱乐区
传统居住与商业区
文化展示区
混合商业区
配套居住区
传统商业街
步行道

从较场口往解放西路走，十八梯慢行步道将带给行人四种不同的体验，依次是传统商业区——民国休闲娱乐区——文化展示区——滨江观光休闲区，一路向下，感受历史的变迁。

### 慢行流线分析

中代路口聚集
慢行流交集点

人流聚点
人流
主要慢行区域
车流

地块与外部交通联系紧密，有多种可达方式，主要步道旁有很多街巷的延伸，使得漫行内容更加丰富，同时也更加吸引。

### ①索道体验

索道——旧重庆传统的过街方式，现如今江面大桥林立，索道大多已经荒废。本设计中在传统商业街上空建有两条双向的索道，可供游人乘坐，体验老重庆的气息。

### ②电梯观光

在垂直跨度较大的区域可利用建筑外围的电梯作为垂直方向的交通工具，这样既能满足特殊人群的使用，又是一个很好的观景平台，这里视野开阔、清晰，一切美景尽收眼底。

### ③挑战自我

较场口城市阳台是俯览十八梯的绝佳位置，攀岩墙的打造即是对山体的有机利用，又能形成不错的景观效果。同时下部的空地可以作为人流的休憩聚集地，自然衍生出多种功能效用，吸引人气。

### ④自动扶梯

过街天桥和自动扶梯是对十八梯慢行步道的延伸，通过它就能够将十八梯和滨江绿化带连接起来，形成一个统一的整体。同时，过街平台突破了解放西路高层居民楼的阻隔，又降低了滨江高架道路对步行系统的影响。

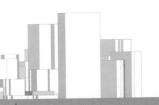

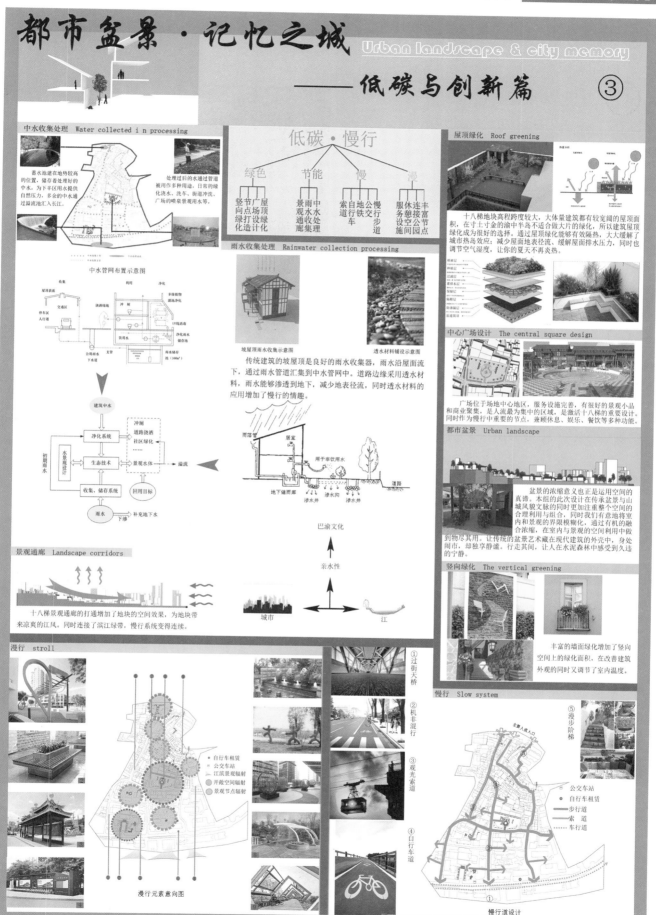

一、"启动仪式"及讲座（重庆）

## 重庆城区  2013/6/22

### 领导寄语

· 学会石楠副理事长兼秘书长宣布活动开始
· 重庆大学建筑城规学院赵万民院长致辞
· 渝中区区长扈万泰在开幕式致辞
· 赠送给师生遮阳帽

### 项目报告

· 现场培训师生集体合影
· 学会授予重庆大学建筑城规学院"规划西部行"旗帜
· 重庆大学赵万民教授回答同学们的问题
· 学会石楠副理事长兼秘书长做启动报告

### 培训讲座

· 重庆大学李和平教授介绍竞赛和课程培训总体安排
· 重庆大学魏皓严教授解读了此次竞赛的设计选题——城市漫步
· 重庆市规划院余军副总规划师介绍了渝中区的规划情况
· 专家开展现场培训与交流

### 互动参观

· 参加培训的青年教师与授课专家进行交流
· 求知欲强的同学们
· 一天的实地调研开始了
· 参赛师生参观重庆市城乡规划展览馆

竞赛花絮

二、现场调研踏勘及颁奖（重庆）

## 重庆城区 2013/6/23

### 现场调研 Ⅰ

· 师生一同确定调研路线
· 山城漫步，咱自己先攀登起来
· 调研现场
· 我们在哪儿呢？

### 现场调研 Ⅱ

· 现场调研
· 调研笔记
· 西安建筑科技大学师生渝中区调研
· 细致的现场调研

## 重庆大学 2013/6/24

### 交流会

· 调研结束后的多校交流讨论会
· 同学展示调研的成果
· 一张照片引发了大家的激烈讨论 1
· 一张照片引发了大家的激烈讨论 2

## 重庆大学 2013/10/12

### 颁奖仪式

· 评审会现场
· 一件设计作品引发专家讨论
· 行业资深专家为获奖代表颁奖
· 西部之光竞赛获奖作品在年会展览

竞赛花絮

# 结　语

　　第 1 届西部之光大学生暑期规划设计竞赛在重庆大学建筑城规学院召开，不仅意味着国家层面加大了对西部规划教育和建设事业的重视程度，同时也提供了广大西部院校平行交流、相互学习的平台，其意义深远。竞赛开题伊始，中国城市规划学会石楠秘书长，重庆大学赵万民、李和平、魏皓严、邢忠等教授，重庆市规划院余军副总规划师等专家们为来自西部各校学生答疑解惑，同学们的求知欲、对专业的热情就此被点燃。从提交的众多竞赛成果来看，无不倾注了各校同学和指导教师的大量辛勤劳动。今天来自西部的同学们的努力学习，明日必定会转化为对西部城乡建设的力量。重庆大学建筑城规学院作为第 1 届"西部之光"的承办单位，深感此举意义重大。成果能集结成书，也包含了期间工作的老师和同学的辛勤劳动，于此一并致谢。

重庆大学建筑城规学院